小龙虾

高效养殖与疾病防治

◎丛 波 孙红梅 夏艳洁 主编

中国农业科学技术出版社

图书在版编目（CIP）数据

小龙虾高效养殖与疾病防治 / 丛波，孙红梅，夏艳洁主编. —北京：中国农业科学技术出版社，2020.9

ISBN 978-7-5116-5003-0

Ⅰ.①小… Ⅱ.①丛… ②孙… ③夏… Ⅲ.①龙虾科—淡水养殖 ②龙虾科—虾病—防治 Ⅳ.①S966.12 ②S945.4

中国版本图书馆 CIP 数据核字（2020）第 172068 号

责任编辑　李　华　崔改泵
责任校对　贾海霞
出 版 者　中国农业科学技术出版社
　　　　　北京市中关村南大街12号　　邮编：100081
电　　话　（010）82109708（编辑室）　（010）82109702（发行部）
　　　　　（010）82109709（读者服务部）
传　　真　（010）82106650
网　　址　http://www.CASTP.cn
经 销 者　各地新华书店
印 刷 者　北京富泰印刷有限责任公司
开　　本　880mm×1 230mm　1/32
印　　张　3.625
字　　数　88千字
版　　次　2020年9月第1版　2020年9月第1次印刷
定　　价　26.00元

《小龙虾高效养殖与疾病防治》
编 委 会

前　言

　　小龙虾学名克氏原螯虾，是一种淡水经济甲壳动物，广泛分布于我国江河、湖泊、池塘、稻田、沟渠等淡水水域。目前，我国小龙虾养殖面积已经超过1 900万亩，养殖总产量达到208万吨，主要分布在湖北、安徽、湖南、江苏、江西、河南、山东、四川、浙江、重庆、广西、福建、云南、贵州、陕西、上海、广东、黑龙江、海南、山西、河北、宁夏、新疆等地。随着经济发展和人们对小龙虾休闲餐饮的热情增高，小龙虾养殖业发展非常迅速。小龙虾属于特种水产养殖行业，经济效益高，已经逐渐成为我国水产业发展最为迅速、最具特色、最具发展潜力的养殖品种，正在向产业化、规模化的方向发展。

　　本书针对目前我国小龙虾养殖现状，结合我国不同地区小龙虾养殖特点，将当前小龙虾养殖较为成熟的技术，包括投饲技术、科学管理方法、高效养殖模式、疾病防控技术等进行总结，编写成《小龙虾高效养殖与疾病防治》一书。

　　本书内容简明扼要，语言通俗易懂，希望可以为广大小龙虾养殖者提供科学养殖指导，成为农民致富的好帮手。但由于小龙虾驯化养殖时间短，养殖技术仍在不断完善中，书中难免会有不足之处，敬请广大读者批评指正。

编　者

2019年7月

目　录

第一章　小龙虾养殖现状及发展方向

第一节　小龙虾养殖的意义

小龙虾（*Procambarus clarkii*），又称克氏原螯虾、红螯虾、淡水小龙虾。因其形态与海水龙虾相似，个头较小，所以常被人们称为淡水小龙虾。小龙虾原产于北美洲南部，目前小龙虾种群已广泛分布于非洲、亚洲、欧洲以及南美洲等30多个国家和地区。18世纪末小龙虾开始成为欧洲人的重要食物来源之一，20世纪50年代开始进行大规模人工养殖，目前小龙虾已经成为一种世界性的食用虾类，其经济价值和营养价值逐渐得到人们的充分认可。

世界各国对小龙虾的捕捞、养殖和加工，已经有100多年的历史。苏联于20世纪初就开始在大湖泊中实施小龙虾苗种的人工放流，1960年工厂化育苗试验成功。20世纪70年代，国外已经开展小龙虾的人工养殖，少数国家开始研究强化养殖和规模化养殖。美国在1985—1986年，小龙虾的养殖产量已经达到2.7万吨。澳大利亚自1985年开始进行小龙虾的人工养殖。20世纪小龙虾进入我国境内，经几十年的扩散，已形成全国性的最常见的淡水经济虾类，广泛分布于长江中下游各省（市）。20世纪90年代

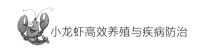

后，小龙虾的人工养殖逐渐引起人们重视。目前我国已经成为小龙虾养殖大国。

一、营养价值

小龙虾肉味细嫩，营养丰富，可食部分的比率为20%～30%。虾肉中含有8种人体必需的氨基酸，总氨基酸占蛋白质的80%，其氨基酸组成含较多的原肌球蛋白和副肌球蛋白。龙虾中的矿物质总量约为1.6%，虾肉内锌、碘、硒等微量元素的含量要高于其他食品。它的肌纤维细嫩，易于消化吸收，特别是虾黄（虾肝脏）中含有丰富的不饱和脂肪酸、蛋白质、游离氨基酸、风味氨基酸、维生素、微量元素等。小龙虾也是脂溶性维生素的重要来源之一，富含维生素A、维生素C、维生素D等，有利于幼儿发育。

二、药用保健价值

小龙虾还有药用价值，能化痰止咳，可促进手术后的伤口生肌愈合。小龙虾脂肪含量比畜禽肉类要低20%～30%，而且多为不饱和脂肪酸，易被人体吸收，还可以使胆固醇酯化，防止胆固醇在体内蓄积。从小龙虾的甲壳中提炼出的甲壳素可以制成保健品，具有提高人体免疫力和抗癌的功效。

三、游钓饵料价值

小龙虾曾经用来作为饵料或饲料，例如1918年日本曾从美国引进小龙虾作为牛蛙的饲料。目前也被用作钓鱼的饵料，例如在美国，小龙虾除了食用外，常常用作钓鱼饵料。

四、加工利用价值

小龙虾的出肉率达20%左右，可加工成虾仁、虾尾。进行龙虾加工时被丢弃的副产品，如虾头、虾壳、虾足富含蛋白质、脂类、矿物质等，还可以加工利用。虾头、虾壳含有20%左右的甲壳质，经过加工处理能制成可溶性甲壳素、几丁质和甲壳糖胺等工业原料，被广泛应用于农业、食品、化工、医药、烟草、造纸、纺织、印染、日化、环保等领域。虾头、虾壳经晒干粉碎，还是很好的动物性饲料。

第二节　小龙虾养殖现状

我国淡水水域广阔，共有各类淡水水面2万公顷。水质特别适合小龙虾养殖，因此我国具有发展小龙虾养殖的水域基础。小龙虾具有个体大、适应性强、生长快、繁殖率高的特点，在湖泊、水库、池塘、河流中都能生长。养殖技术简单，养殖周期短，特别适合同鱼类混养，无须投喂饲料和特殊的管理，而且可以起到充分利用不同层次水体，提高水体生产力的作用。1918年小龙虾从美国引入日本本州岛，20世纪30年代由日本传入我国南京，开始在南京市及其郊县生存与繁衍。小龙虾适应性广、食性杂、繁殖力强，在较为恶劣的环境条件下也能生存和发展，甚至在一些连鱼类都难以存活的水体也可以生存一段时间。尤其是我国的长江中下游地区和淮河流域，因与小龙虾原产地处于同一纬度，而且这些地区江河、湖泊、池塘、沟渠及水田纵横交错，是我国的水网地带，十分适宜小龙虾的生活、生长和繁殖。随着人们对小龙虾认识的提高和人为活动携带的传播，其种群很快扩展到我国安徽、湖北、湖南、北京、天津、山西、陕西、河南、山东、浙江、上海、福建、江西、广东、广西和海南等20多个省、自治区、直辖市，并归化为我国自然水体中的一个常见物种，成为重要的经济虾类。随着小龙虾产品的热销，我国的小龙虾捕捞者、国内经销商、加工商、外贸经销商如雨后春笋般发展壮大，很快就形成了捕捉、收购、加工、销售和生物化工一条龙的产业链，并从以江苏为首发展到以长江流域为主的10多个省份。目前，我国已成为小龙虾的生产大国和出口大国，引起了世界各国的关注。20世纪60年代以来，小龙虾食品已普遍进入市场，而且逐步形成小龙虾系列食品，目前主要有冻生龙虾肉、冻生龙虾尾、冻生整只龙虾、冻熟龙虾虾仁、冻熟整只龙虾、冻虾黄、水洗龙虾肉、各种即食龙虾产品及相关副产品等。有些国家由于工业污染等原因，野生资源减退甚至灭绝又逐步发展了小龙虾养殖业，但仍不能满足消费需求，从而促进了小龙虾贸易的快速发展。

20世纪中期，全世界小龙虾的总产量为11万吨左右，其中美国占55%，我国占36%，欧洲占8%，澳大利亚不到2%，小龙虾占整个螯虾产量的70%～80%。20世纪90年代初期，我国小龙虾的采捕量为6 700吨，1995年增加到6.55万吨，1999年接近10万吨。江苏是小龙虾生产的大省，1995年全年产量约3万吨，1999年已上升到6万吨，成为淡水虾类中的主导产品，其产量超过青虾。由于过度捕捞造成野生小龙虾资源减少，人们消费量的不断增加，使小龙虾价格逐渐攀升，这也大大激发了广大养殖者的热情，促进了小龙虾养殖业的迅速发展，目前已经在全国掀起了养殖小龙虾的热潮。2019年，我国小龙虾养殖总产量达到208.96

万吨，养殖总面积达1 929万亩（1亩≈667平方米，全书同），与2018年相比分别增长27.52%和14.80%。2019年，湖北省小龙虾产量已经达到92.5万吨，占据了全国的半壁江山。

21世纪初，我国小龙虾养殖产业开始快速发展，但是规模较小，收益不稳定，但经过几年的迅猛发展，小龙虾产业链基本形成，成为一些地区的主要特色经济产业，经济效益可观。目前我国小龙虾主产区是长江中下游地区和淮河流域的江苏、安徽、江西、湖南等省份。随着养殖省份的增多，各地主要养殖模式也逐渐多样化，出现了池塘精养、池塘虾鱼混养、滩地围养、虾稻共作、水生蔬菜田养殖等多种方式，小龙虾产量逐年增加，社会经济价值不断提高。

第三节　小龙虾养殖发展方向

自20世纪80年代以来，小龙虾的经济价值逐渐引起人们的重视，尤其是进入21世纪，江苏盱眙"龙虾节"的连续成功举办，带动了全国小龙虾的热销。小龙虾餐饮业、加工业的发展带动了小龙虾养殖业的快速发展。虽然小龙虾的养殖历史并不很长，但养殖规模扩张却十分迅速，养殖经济效益高，群众养殖小龙虾的热情高涨，养殖技术也日趋成熟，产量逐年增加并朝着综合开发利用的方向发展。

一、扩大养殖面积

进一步扩大养殖面积，提高养殖量，积极探索小龙虾高产、

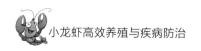

高效、健康养殖模式，以提高水体的综合利用能力和经济效益。

二、产、学、研结合开展深度研究

产、学、研结合开展对小龙虾生态学、繁殖学等方面的深度研究，为产业发展提供技术支撑。尤其是小龙虾与水环境中其他水生生物的互作关系，可以为综合生态养殖奠定基础。

三、小龙虾深加工和综合利用

多方面开展小龙虾的深加工和综合利用，加大对虾肉、虾壳综合利用开发的力度，大的个体可以供人食用，小的个体可以开发作为鱼类的饵料，虾壳用来提取虾青素和几丁质，加大对加工方法和加工机械的开发研究。

四、打造品牌

随着小龙虾养殖业的快速发展，小龙虾养殖将向着品牌化发展。通过品牌创建，拓展营销空间，提升小龙虾的商品附加值，完善产业链，做强做大一批小龙虾品牌。让小龙虾市场逐渐进入良性发展时期。随着消费升级提升，小龙虾的消费人群也将越来越大，对小龙虾市场的品质要求也会逐步提高，休闲式的特色餐饮方式将会成为餐饮主流。

五、政策导向，引领产业发展

为促进小龙虾产业持续健康发展，政府应加大对小龙虾发展的政策引导，政府在强化政策引导的同时，要加大配套项目资金的扶持力度，北方地区也开始引入小龙虾养殖项目，并得到了各地政府的支持。以小龙虾产业的标准化为例，政府方面对小龙虾产业的支持也在进一步加大，为小龙虾产业持续健康发展提供了行业监管机制，使得小龙虾产业在实现规范、成熟的道路上迈出强劲的一步。

淡水小龙虾由以前仅有国际市场发展到如今国际和国内市场都很火爆，这为小龙虾产业的发展提供了很好的市场契机；政府和各级行政职能部门的高度重视，为小龙虾产业的发展提供了强有力的政策保障；小龙虾加工厂和广大养殖户的热情和积极性也空前高涨；科研机构和高等院校对小龙虾及其养殖技术开展了深入、全面的研究，为小龙虾产业的发展提供了强大的技术支撑。市场契机、政策保证、产业基础、技术支撑，这4点因素的保障必将实现淡水小龙虾真正意义上的产业化，并推动全国小龙虾产业的大力发展。

第二章　小龙虾生物学特性和生活习性

第一节　小龙虾生物学特性

一、小龙虾外部形态特征

小龙虾体型略扁平、粗短，左右对称，体表具有坚厚的几丁质外骨骼，起到保护内部柔软机体和附着肉筋的作用。整个身体由头胸部和腹部两部分组成，头部和胸部粗大完整，且完全愈合成一个整体，称为头胸部，头胸部呈圆筒形，其前端有一额角，呈三角形。额角表面中间凹陷，两侧隆脊，具有锯齿状尖齿，尖端锐刺状。头胸甲中部有两条弧形的颈沟，组成一倒"人"字形，两侧具粗糙颗粒。腹部与头胸部明显分开，分为头胸部和腹部。全身由20个体节组成，其中头部5节，胸部8节，腹部6节，各体节之间以薄而坚韧的膜相连，使各体节可以自由活动。小龙虾游泳能力甚弱，善匍匐爬行。

（一）头胸部

头胸部特别粗大，由头部6节和胸部8节愈合而成，外被头胸甲。头胸甲坚硬，钙化程度高，长度几乎占体长的1/2。额剑呈三角形，光滑、扁平，中部下陷成槽状，前端尖细。额剑基部两侧各有一带眼柄的复眼，可自由转动。头胸甲背面与胸壁相连，两侧游离形成鳃腔。头胸甲背部中央有一条横沟，即颈沟，是头部与颈部的分界线。头胸部附肢共有13对（表2-1）。头部5对，前2对为触角，细长鞭状，具感觉功能；后3对为口肢，分别为大颚和第一小颚、第二小颚。大颚坚硬而粗壮，内侧有基颚，形成咀嚼功能，内壁附有发达的肌肉束，利于咬切和咀嚼食物。胸部胸肢8对，前3对为颚足，后5对为步足。小龙虾第一步足也称螯足。

（二）腹部

腹部分节明显，包括尾节共7节，节间有膜，外骨骼通常分为背板、腹板、侧板和后侧板，尾节扁平。腹部附肢6对（表2-1），双肢型，称为腹肢，又称为游泳肢，但不发达。雄性个体第一对、第二对腹肢变为管状交接器，雌性个体第一对腹肢退化。尾肢十分强壮，与尾柄一起合称尾扇。

表2-1　小龙虾各附肢的结构与功能

体节	附肢名称	结构/分散节			功能
		原肢	内肢	外肢	
	1　小触角	基部有平衡囊/3	连接成短触须	连接成短触须	嗅觉、触觉、平衡
	2　大触角	基部有腺体/2	连接成长触须	宽薄的叶片状	嗅觉、触觉
头部	3　大颚	内缘有锯齿/2	末端形成触须/2	退化	咀嚼食物
	4　第一小颚	薄片状/2	很小/1	退化	摄食
	5　第二小颚	两裂片状/2	末端较尖/1	长片状/1	摄食、驱动鳃室水流

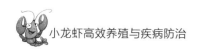

（续表）

体节	附肢名称	原肢	内肢	外肢	功能
胸部	6 第一颚足	片状/2	小而窄/2	非常细小/2	感觉、摄食
	7 第二颚足	短小、有鳃/2	短而粗/5	细长/2	感觉、摄食
	8 第三颚足	有鳃、愈合/2	长、粗而发达/5	细长/2	感觉、摄食
	9 第一胸足	基部有鳃/2	粗大呈螯状/5	退化	攻击和防卫
	10 第二胸足	基部有鳃/2	细小呈钳状/5	退化	摄食、运动、清洗
	11 第三胸足	基部有鳃，雌虾基部有生殖孔/2	细小呈钳状，成熟雄性有刺钩/5	退化	摄食、运动、清洗
	12 第四胸足	基部有鳃/2	细小呈爪状，成熟雄性有刺钩/5	退化	运动、清洗
	13 第五胸足	基部有鳃，雄虾基部有生殖孔/2	细小/5	退化	运动、清洗
腹部	14 第一腹足	雌性退化，雄性演变成钙质的交接器			雄性输送精液
	15 第二腹足	雄性联合成圆锥形管状交接器			雄性辅助第一腹足
	16 第三腹足	雄性短小/2	雌性成分节的丝状体	雌性连接成丝状体	雌性有驱动水流、抱卵和保护幼体的功能
	17 第四腹足	短小/2	分节的丝状体	丝状	雌性有驱动水流、抱卵和保护幼体的功能
	18 第五腹足	短小/2	分节的丝状体	丝状	雌性有驱动水流、抱卵和保护幼体的功能
	19 第六腹足	短而宽/1	椭圆形片状/1	椭圆形片状/1	游泳，雌性还有护卵的功能

（三）体色

小龙虾的全身覆盖由几丁质、石灰质等组成的坚硬甲壳，对身体起支撑、保护作用，称为"外骨骼"。性成熟个体呈暗红色或深红色，未成熟个体为青色或青褐色，有时还见蓝色。小龙虾的体色常随栖息环境不同而变化，如生活在长江中的小龙虾成熟个体呈红色，未成熟个体呈青色或青褐色；生活在水质恶化的池塘、河沟中的小龙虾成熟个体常为暗红色，未成熟个体常为褐色，甚至黑褐色。这种体色的改变，是对环境的适应，具有保护作用。

二、小龙虾的内部形态特征

小龙虾属节肢动物门，体内无脊椎，分为消化系统、呼吸系统、循环系统、神经系统、生殖系统、肌肉运动系统、内分泌系统、排泄系统。

（一）消化系统

小龙虾的消化系统由口器、食管、胃、肠、肝胰脏、直肠及肛门组成。口开于大颚之间，后接食管，食管很短，呈管状。食物由口器的大颚切断咀嚼送入口中，经食管进入胃。胃膨大，分贲门胃和幽门胃两部分，贲门胃的胃壁上有钙质齿组成的胃磨，幽门胃的内壁上有许多刚毛。食物经贲门胃进一步磨碎后，经幽门胃过滤进入肠，在头胸部的背面，肠的两侧各有一个黄色分支状的肝胰脏，肝胰脏有肝管与肠相通。肠的后段细长，位于腹部的背面，其末端为球形的直肠，通肛门，肛门开口于尾节的腹面。在胃囊内，胃外两侧各有一个白色或淡黄色，半圆形纽扣状的钙质磨石，蜕壳前期和蜕壳期较大，蜕壳间期较小，起着钙质的调节作用。肝胰脏较大，呈黄色或暗橙色，由很多细管状构

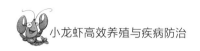

造组成，有管通中肠。肝胰脏除分泌消化酶帮助消化食物外，还具有吸收储藏营养物质的作用。

（二）呼吸系统

小龙虾的呼吸系统由鳃组成，共有鳃17对，在鳃室内。其中7对鳃较为粗大，与后2对颚足和5对胸足的基部相连，鳃为三棱形，每棱密布排列许多细小的鳃丝。其他10对鳃细小，薄片状，与鳃壁相连。鳃室的前部有一空隙通往前面，小龙虾呼吸时，颚足驱动水流入鳃室，水流经过鳃完成气体交换，溶解在水中的二氧化碳，通过扩散作用，进行交换，完成呼吸作用。水流的不断循环，保证了呼吸作用所需氧气的供应。

（三）循环系统

小龙虾的循环系统由一肌肉质的心脏和一部分血管及许多血窦组成，为开放式系统。心脏位于头胸部背面的围心窦中，为半透明，多角形的肌肉囊，有3对心孔，心孔内有防止血液倒流的膜瓣。血管细小，透明。由心脏前行有动脉血管5条，由心脏后行有腹上动脉1条，由心脏下行有胸动脉2条。虾类无主细血管，血液由组织间隙经各小血窦，最后汇集于胸窦，再由胸窦送入鳃，经净化、吸收氧气后回到围心窦，然后再经过心脏进入下一个循环。小龙虾的血液即是体液，为一种透明、无色的液体，由血浆和血细胞组成。血液中含血蓝素，其成分中含有铜元素，与氧气结合呈现蓝色。

（四）神经系统

小龙虾的神经系统由神经节、神经和神经索组成。神经节主要有脑神经节、食道下神经节等，神经则是链接神经节通向全身，从而使小龙虾能正确感知外界环境的刺激，并迅速作出反应。小龙虾的感觉器官为第一、第二触角以及复眼和生在小触角基部的平衡囊，各司职嗅觉、触觉、视觉及平衡。研究证实，小龙虾的脑神经干及神经节能够分泌多种神经激素，这些神经激素起着调控小龙虾的生长、蜕壳及生殖生理过程。

（五）生殖系统

小龙虾雌雄异体，其雄性生殖系统包括精巢3个，输精管1对及位于第五步足基部的1对生殖突。精巢呈三叶状排列，输精管有粗细2根，通往第五步足的生殖孔。其雌性生殖系统包括卵巢3个，呈三叶状排列，输卵管1对通向第三对步足基部的生殖孔。小龙虾雄性的交接器和雌性的储精囊虽不属于生殖系统，但在小龙虾的生殖过程中起着非常重要的作用。

（六）肌肉运动系统

小龙虾的肌肉运动系统由肌肉和甲壳组成，甲壳又被称为外骨骼，起着支撑的作用，在肌肉的牵动下起着运动的功能。

（七）内分泌系统

小龙虾的内分泌系统在现有的资料中提到的很少，其实小龙虾是有内分泌系统的，只是它的许多内分泌腺与其他结构组合在一起了。实践证明，小龙虾的内分泌系统能分泌多种调控蜕壳、精子、卵细胞蛋白合成和性腺发育的激素。

（八）排泄系统

小龙虾的头部大触角基部的内部有1对绿色腺体，腺体后有1个膀胱，由排泄管通向大触角的基部，并开口于体外。

第二节　小龙虾生活习性

小龙虾喜阴怕光，常栖息于沟渠、坑塘、湖泊、水库、稻田等淡水水域中，但在食物较为丰富的静水沟渠、池塘和浅水草型湖泊中较多，栖息地多为土质，有较多的水草、树根或石块等隐蔽物。营底栖生活，具有较强的掘穴能力，也能在河岸、沟边、沼泽，借助螯足和尾扇，造洞穴，栖居繁殖，当光线微弱或黑暗时爬出洞穴，通常抱住水体中的水草或悬浮物，呈"睡眠"状，受到惊吓或光线强烈时则沉入水底或躲藏于洞穴中，具有昼夜垂直运动现象。受惊或遇敌时迅速向后，弹跳躲避。小龙虾离水后，保持湿润还能生活7~10天。小龙虾白天潜于洞穴中，傍晚或夜间出洞觅食、寻偶。非产卵期1个穴中通常仅有1只虾，产卵季节大多雌雄成对同穴，偶尔也有一雄两雌处在1个洞穴的现象。小龙虾性喜斗，似河蟹一样具有较强的领域行为。

一、环境要求

小龙虾适应性广、对环境要求不高，无论江河、湖泊、水渠水田和沟塘都能生存，出水后若能保持体表湿润，可在较长时间内保持鲜活，有些个体甚至可以忍受长达4个月的干旱环境。溶解氧是影响小龙虾生长的一个重要因素。小龙虾昼伏夜出，耗氧率昼夜变化规律非常明显，正常生长要求溶氧量在3毫克/升以上。在水体缺氧时，它不但可以爬上岸，还可以借助水中的漂浮物或水草将身体侧卧于水面，利用身体一侧的鳃呼吸以维持生存。养殖生产中，冲水和换水是获得高产优质商品虾的必备条件。流水冲洗可刺激小龙虾蜕壳，促进其生长；换水能减少水中悬浮物，保持水质清新，提高水体溶氧量。在这种条件下生长的小龙虾个体饱满，背甲光泽度强，腹部无污物，因而价格较高。

二、水温

小龙虾生长适宜水温为20～32℃，当温度低于20℃或高于32℃时，生长率下降。成虾耐高温和低温的能力比较强。能适应40℃以上的高温和15℃的低温。在珠江流域、长江流域和淮河流域均能自然越冬。

三、pH值

小龙虾喜欢在中性和偏碱性的水体生活，pH值在7.0～9.0最适合小龙虾的生长和繁殖。

四、食性

小龙虾是杂食性动物，以摄食有机碎屑为主，对各种谷物、饼类、蔬菜、陆生牧草、水体中的水生植物、着生藻类、浮游动物、水生昆虫、小型底栖动物及动物尸体均能摄食，也喜食人工配合饲料。在20～25℃条件下，小龙虾摄食眼子菜每昼夜可达自身体重的3.2%，摄食竹叶菜可达2.6%，水花生达1.1%，豆饼达1.2%，人工配合饲料达2.8%，摄食鱼肉达4.9%，而摄食蚯蚓高达14.8%，可见该虾喜食动物性食物。在天然水体中，由于其捕食能力较差，在该虾的食物组成中植物性成分占98%以上。小龙虾的食性在不同的发育阶段稍有差异，刚孵出的幼虾以其自身残留的卵黄为营养，之后不久便摄食轮虫等小浮游动物，随着

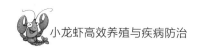

个体不断增大，摄食较大的浮游动物、底栖动物和植物碎屑。成虾兼食动物和植物，主食植物碎屑、动物尸体，也摄食水蚯蚓、摇蚊幼虫、小型甲壳类及一些其他水生昆虫。

小龙虾摄食方式是用螯足捕获大型食物，撕碎后再送给第二、第三步足抱食。小型食物则直接用第二、第三步足抱住啃食。小龙虾猎取食物后，常常会迅速躲藏，或用螯足保护，以防其他虾来抢食。小龙虾的摄食能力很强，且具有贪食、争食的习性，饵料不足或群体过大时，会有相互残杀的现象发生，尤其会出现硬壳虾残杀并吞食软壳虾的现象。小龙虾摄食多在傍晚或黎明，尤以黄昏为多，人工养殖条件下，经过一定的驯化，白天也会出来觅食。小龙虾耐饥饿能力很强，十几天不进食，仍能正常生活。其摄食强度在适温范围内随水温的升高，摄食强度增加。摄食的最适水温为25～30℃，水温低于8℃或超过35℃摄食明显减少，甚至不摄食。

第三节　行为习性

一、领域行为

小龙虾领域行为明显，它们会精心选择某一区域作为其领域，在其区域内进行掘洞、活动、摄食，不允许其他同类进入，只有在繁殖季节才有异性的进入。研究发现，在人工养殖小龙虾时，有人工洞穴的小龙虾存活率为92.8%，无人工洞穴的对照组存活率仅为14.5%，差异极显著。究其原因，主要是小龙虾领域性较强，当多个拥挤在一起的小龙虾进入彼此领域内时就会发生打斗，进而导致死亡。

二、攻击行为

小龙虾生性好斗，在饲料不足或争夺栖息洞穴时，往往出现相互搏斗现象。小龙虾个体间较强的攻击行为会导致种群内个体的死亡，引起种群扩散和繁殖障碍。有研究指出，小龙虾幼体就显示出了种内攻击行为，当幼虾体长超过2.5厘米时，相互残杀现象明显，在此期间，如果一方是刚蜕壳的软壳虾，则很可能被对方杀死甚至吃掉。因此，人工养殖过程中应适当移植水草或在池塘中增添隐蔽物，增加环境复杂度，减少小龙虾之间相互接触的机会。

三、掘洞行为

小龙虾在冬、夏两季营穴居生活，具有很强的掘洞能力，且掘洞很深。大多数洞穴的深度在50～80厘米，约占测量洞穴的70%，部分洞穴的深度超过1米。小龙虾的掘洞习性可能对农田、水利设施有一定影响，但到目前为止，还没有发现因小龙虾掘洞而引起毁田决堤的现象。小龙虾的掘洞速度很快，尤其在放入一个新的生活环境中后尤为明显。洞穴直径不定，视虾体大小有所区别，此类洞穴常为横向挖掘的，然后转为纵向延伸，直到洞穴底部。

第四节　生长习性

小龙虾与其他甲壳动物一样，必须蜕掉体表的甲壳才能完

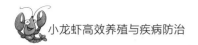
成其突变性生长。在武汉地区，9月中旬脱离母体的幼虾平均全长约1.0厘米，平均重0.04克，在网箱中养殖到11月底，平均全长5.19厘米，平均重4.50克，最大全长达7.4厘米，重12.24克。在池塘中养殖到翌年的7月，平均全长达10.2厘米，平均重达34.51克。在条件良好的池塘里，刚离开母体的幼虾生长2～3个月即可达到上市规格。小龙虾生长速度较快，春季繁殖的虾苗，一般经2～3个月的饲养，就可达到规格为8厘米以上的商品虾。小龙虾是通过蜕壳实现生长的，蜕壳的整个过程包括蜕去旧甲壳，个体由于吸水迅速增大，然后新甲壳形成并硬化。因此，小龙虾的个体增长在外形上并不连续，呈阶梯形，每蜕一次壳，上一个台阶。小龙虾在生长过程中有青壳虾和红壳虾，青壳小龙虾是当年生的新虾，一般出现在上半年，池水深、水温低的水体较多，通常经过夏天后大部分为红壳小龙虾。小龙虾的蜕壳与水温、营养及个体发育阶段密切相关，幼虾一般3～5天蜕壳一次，以后逐步延长蜕壳间隔时间，如果水温高、食物充足，则蜕壳时间间隔短，冬季低温时期一般不蜕壳。

第五节　小龙虾繁殖习性

一、性别比例

在全长3.0～8.0厘米和8.1～13.5厘米两个规格组中，小龙虾的雌、雄比例雌性多于雄性。小规格组雌性占总体的51.5%，雄性占48.5%，雌、雄比例为1.06：1。大规格组雌性占总体的55.9%，雄性占44.1%，雌、雄比例为1.27：1。大规格组雌性明显多于雄性的原因是交配之后雄性易死亡。雄性个体越大，死亡率越高，说明雄性寿命可能比雌性要短。

二、性成熟

小龙虾是隔年性成熟，9月离开母体的幼虾到翌年的7—8月即可性成熟产卵。小龙虾从幼体达到性成熟，要进行11次以上的蜕皮。其中幼体阶段蜕皮2次，幼虾阶段蜕皮9次以上。

三、繁殖季节

小龙虾性腺发育与季节和地理位置有很大关系。长江流域，自然水体中小龙虾一年有两个产卵高峰，一个在春季的3—5月，另一个在秋季的9—11月。秋季是小龙虾主要产卵季节，产卵群体大，产卵期也比春季长。

四、交配和产卵

在交配季节，1尾雄虾可先后与1尾以上的雌虾交配，交配时，雄虾用螯足钳住雌虾的螯足，用步足抱住雌虾，将雌虾翻转，侧卧。雄虾的钙质交接器与雌虾的储精囊连接，雄虾的精夹顺着交接器进入雌虾的储精囊交配后，早则一周，长则月余雌虾即可产卵。雌虾从第三对步足基部的生殖孔排卵并随卵排出较多蛋清状胶质，将卵包裹，卵经过储精囊时，胶质状物质促使储精囊内的精夹释放精子，使卵受精。最后，胶质状物质包裹着受精卵到达雌虾的腹部，受精卵黏附在雌虾的腹足上，腹足不停地摆动以保证受精卵孵化所必需的溶氧。

小龙虾每年春、秋为产卵季节，产卵行为均在洞穴中进行，产卵时虾体弯曲，游泳足伸向前方，不停地扇动，以接住产

出的卵粒，附着在游泳足的刚毛上，卵随虾体的伸曲逐渐产出。产卵结束后，尾扇弯曲至腹下，并展开游泳足包被，以防卵粒散失。整个产卵过程10～30分钟。小龙虾的卵为圆球形，晶莹光亮，不是直接粘在游泳足上，而是通过一个柄（也称卵柄）与游泳足相连。刚产出的卵呈橘红色，直径15～2.5毫米，随着胚胎发育的进展，受精卵逐渐呈棕褐色，未受精的卵逐渐变为混浊白色，脱离虾体死亡。小龙虾每次产卵200～700粒，最多也发现有抱1 000粒卵以上的抱卵亲虾。卵粒多少与亲虾个体大小及性腺发育有关。

在自然情况下，亲虾交配后，开始掘穴，雌虾产卵和受精卵孵化的过程多在地下的洞穴中完成。小龙虾雌虾的产卵量随个体长度的增长而增大。全长10.0～11.9厘米的雌虾，平均抱卵量为237粒。采集到的最大产卵个体全长14.26厘米，产卵397粒，最小产卵个体全长6.4厘米，产卵32粒。一年两个产卵群数量比较，秋季高于春季，所以秋季是小龙虾的主要产卵季节。产卵期很大程度上也受环境因素的影响，如水文周期、降水量和水温等。

五、孵化和幼体发育

雌虾刚产出的卵为暗褐色，卵径约1.6毫米。日本学者Tetsuya Suko对小龙虾受精卵的孵化进行了研究，提出在7℃水温的条件下，受精卵的孵化约需150天；在15℃水温条件下，受精卵的孵化约需46天；在22℃的水温条件下，受精卵的孵化约需19天。研究表明，在24～26℃的水温条件下试验，受精卵孵化14～15天破膜成为幼体；在20～22℃的水温条件下，受精卵的孵化需20～25天。如果水温太低，受精卵的孵化可能需数月之久。刚孵化出的幼体长5～6毫米，靠卵黄营养，几天后蜕皮发育成二期幼体。二期幼体长约67毫米，附肢发育较好，额角弯曲在两眼之间，其形状与成虾相似。二期幼体附着在母体腹部，能摄食母体呼吸水流带来的微生物和浮游生物，当离开母体后可以站立，但仅能微弱行走，也仅能短距离的游回母体腹部。在一期幼体和二期幼体时期，此时惊扰雌虾，造成雌虾与幼体分离较远，幼体不能回到雌虾腹部幼体将会死亡。二期幼体几天后蜕皮发育成仔虾，全长9～10毫米。此时仔虾仍附着在母体腹部，形状几乎与成虾完全一致，仔虾对母体也有很大的依赖性并随母体离开洞穴进入开放水体成为幼虾。幼虾蜕壳3次后，才离开雌虾营独立生活。

第三章 小龙虾人工繁殖

第一节 亲虾的选择和放养

一、亲虾来源

亲虾来源以本场繁育池培育的亲本为主，也可以从天然水域中捕捞；还可以从其他养殖场购买，捕捞和购买都要采取就近原则，尽量避免长途运输。亲虾离水的时间应尽量缩短，一般要求离水时间不要超过2小时，在室内或潮湿的环境，时间可适当长一些。

二、亲虾选择标准

亲虾选择的时间一般在6—9月，选择性腺发育丰满，成熟度好，健康活泼，体质健壮的成虾作为亲虾。这种亲虾单位体重平均产卵量高，相对繁殖力强。具体标准如下。

规格：选择体重规格大的作为亲虾，一般雄虾体重在40克以上，雌虾体重在35克以上。

颜色：甲壳颜色呈暗红色或黑红色较好，体表光滑，色泽鲜亮，无附着物。

附肢：亲虾要求附肢完整，健壮无损伤，活动能力强。

三、亲虾比例

雌、雄比例依繁殖方法的不同而各异，全人工繁殖模式的雌、雄比例以2∶1为好；半人工繁殖模式的以5∶2或3∶1为好；人工增殖模式的雌、雄比例通常为3∶1。

四、亲虾运输

亲虾运输一般采取干法运输，即将挑选好的亲虾放入转运箱离水运输。由于亲虾运输时间通常在8—9月，此时气温、水温均较高，因此运送亲虾时应在清晨进行，比较凉爽。从捕捞开始至亲虾放养的整个过程中，都应轻拿轻放，尽量避免挤压和碰撞。亲虾运输工具多选择泡沫箱、网夹运虾箱或塑料周转箱，在箱体底部铺放水草。亲虾最好单层摆放，多层放置时高度应不超过15厘米。运输途中可适时喷水以保持车厢内空气湿润，避免阳光直射，尽量缩短运输时间，亲虾离水时间最长不超过6小时。

五、亲虾放养

亲虾运输到目的地后，先洒水，后连同包装一起浸入池中让虾充分吸水，排出鳃中的空气后，把亲虾放入池边水位线上。放养时要多处放养，不可集中一处放养。亲虾的放养量一般控制在每亩18～20千克，雌、雄虾比例根据放养时间确定，通常7—8月放养亲虾，雌、雄虾比例为3∶1。

六、亲虾强化培育

亲虾放养后，要进行强化培育，提高成活率和抱卵量。首

先，保持良好的水质环境，要定期加注新水，定期更换部分池水，有条件的可以采用微流水的方式，保持水质清新；其次，投喂优质饲料，亲虾由于性腺发育的营养需求，对动物性饲料的需求量较大，喂养的好坏直接影响到其怀卵量及产卵量、产苗量，在此期间除投喂优质配合饲料外，可适当投喂一些新鲜小杂鱼；日投喂2次，以傍晚1次为主，投喂量为饲料投喂后3小时基本吃完为好，早晨投喂量为傍晚投量的1/3。在亲虾培育过程中，还必须加强管理，9—10月是小龙虾生殖高峰，要每天坚持巡塘数次，检查摄食、水质、穴居、防逃设施等情况，及时捞除剩余的饵料，修补破损的防逃设施，确定加水或换水时间、数量等，并做好塘口的各项记录。

第二节　雌雄鉴别

小龙虾为雌雄异体，雌雄个体外部特征十分明显，容易区别，主要可以通过3种方法鉴别。

一、腹足鉴别

雌虾第一腹足退化，很细小，第二腹足呈羽状。雄虾第一、第二腹足演化成白色、钙质的管状交接器，呈管状较细长。

二、生殖孔鉴别

雌虾的生殖孔开口处在第三对胸足基部，可见明显的一对暗色圆孔。雄虾的生殖孔开口处在第五对胸足的基部，不明显。

三、螯足鉴别

雄虾的螯足比雌虾的发达，性成熟的雄虾螯足两端外侧有一个色泽明亮的红色软疣；成熟的雄虾螯足上有倒刺，倒刺随着季节变化而发生变化，春夏交配季节开始长出倒刺，秋冬季节倒刺消失。雌虾螯足上则没有倒刺。

四、体型鉴别

同龄的成虾，雄虾比雌虾个体大，雄虾螯足粗大，腕节和掌节上的棘突长而明显；雌虾螯足相对较小。

第三节　繁殖方式

一、人工繁殖

每年的7—8月在没有养殖过小龙虾的池塘、低湖田或浅水草型湖泊中，经仔细挑选小龙虾亲虾，每亩投放18～20千克，雌雄比例3∶1。精养池塘，在投放亲虾前应对池塘进行清整、除野、消毒、施肥、种植水生植物，水深保持1米以上。投放亲虾后，对池塘可缓慢排水，使池塘水深保持在0.4～0.6米，让小龙虾的亲虾掘穴，进入地下繁殖。10月底后可视池塘和亲虾的情况，缓慢向池塘加水，让水刚好淹住小龙虾的洞穴。整个秋冬季均可不投喂，但要投放水草，并适度施肥，培育大量的浮游生物，保持透明度在30～40厘米，保证亲虾和孵化出的幼虾有足够的食物。当见有大量幼虾孵化出来后，可用地笼捉走已繁殖过的大虾。整个冬季保持水深0.6米以上，如气温低于4℃以下，要保

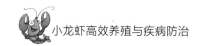

持水深在1米以上。到翌年3月初，当气温回升到12℃、水温回升到10℃以上时，就会有虾离开洞穴，出来摄食、活动。此时应加强管理，晒水以提高水温，并开始投喂、捕捞大虾。当水温达到18℃以上时则应加强投喂。此种繁殖方法适用于面积较大的池塘和面积较大的低湖田地。对于草型湖泊，投放种虾后则不必投草、施肥。

二、半人工繁殖

挑选长40～50米、宽6～7米的长型土池，池坡1：1.5或在平地上人工开挖长50米、宽6米的土池，土池坡度1：1.5或做成梯形。土池四周设置高50～60厘米的防逃网，在土池上立钢筋棚架或竹棚架，用遮阳黑纱覆盖，水深1米左右，放小龙虾前对土池清整、消毒、除野。7月初每池投放经挑选的小龙虾亲虾18～20千克，即每亩投放淡水小龙虾亲虾18～20千克，雌雄比例3：1。投放亲虾后，保持良好的水质，定时加注新水，用增氧机向池中间隙增氧，有条件的可采取微流水方式。同时加强投喂，每天投喂一次，多投喂一些动物蛋白含量较高的饵料，如螺蚌肉、鱼肉及屠宰场的下脚料等，并投放较多的水葫芦等水草。通过控制光照、温度、水位、水质，迫使亲虾交配、掘穴、产卵。8月中下旬开始用虾笼捕捞雄性亲虾，9月当有幼虾出现，一边用虾笼捕捉繁殖完毕的雌虾，一边对幼虾加强投喂，同时分期分批捕捞幼虾出池。如水温低于20℃，可去掉棚架上的黑纱，再覆盖一层塑料薄膜。每个繁殖季节可繁殖两次，每次一个大棚可出幼虾25万～30万尾，每亩土池可出幼虾50万～60万尾。一个繁殖季节，每亩这样的土池可繁殖小龙虾苗100万尾左右。

第四章　小龙虾幼虾培育

仔虾离开母体时，体长在9～12毫米，可直接放入池塘进行养殖，但此时的幼虾由于个体小、体质弱，对外界环境的适应能力较差，抵御躲避敌害的能力较弱，直接投放入池塘中养殖有可能影响幼虾的成活率，从而影响成虾的产量。因此，有条件可进行幼虾强化培育，经过20～30天的强化培育，将幼虾培育到2.5～3.0厘米，再放入成虾养殖池中养殖，这时幼虾对环境的适应能力和抵御病害的能力都有所增强，可有效地提高成活率和养殖产量。小龙虾的幼虾培育池有土池和水泥池两种。

第一节　土池培育池

一、培育池选择

小龙虾幼虾培育，一般选择长方形的土池，面积2～4亩为好，不要太大。土池的长轴方向与当地季风方向相同，池埂坡度1：3，水深保持0.8～1米，培育池底部要平坦，不要有太多淤泥，在培育池的出水口一端要有面积为2～4平方米的集虾坑，深约0.5米，并要修建好进排水系统和防逃设施。放养幼虾前，培育池要彻底消毒、除野，方法是每亩用100~150千克生石灰化水全池泼洒。培育土池每亩施腐熟的人畜粪肥或草粪肥300~500千克，培育幼虾喜食的天然饵料，如轮虫、枝角类、桡足类等浮游生物，小型底栖动物，周丛生物及有机碎屑。土池四周用50~60厘米高的围网封闭，防止敌害生物进入。小龙虾幼虾在高密度饲养的情况下，易受到敌害生物及同类的攻击。因此，培育池中要移植和投放一定数量的沉水性及漂浮性植物，沉水性植物可用菹草、金鱼藻、轮叶黑藻、眼子菜等，成堆放置在培育池底，每堆5~10千克，每亩15~20堆。漂浮性植物可用水葫芦和水浮莲，用竹子固定在培育池的角落或池边，供幼虾攀爬、栖息和蜕壳时作为隐蔽的场所，还可作为幼虾的饲料，保证幼虾培育有较高的成活率。池中还可设置一些水平和垂直网片，增加幼虾栖息、蜕壳和隐蔽的场所。

二、培育池水源

培育池水源一般为河水、湖水、水库水等地表水，要求水源充足，水质清新，无污染，要符合国家颁布的渔业用水或无公害食品淡水水质标准。进水口用20~40目筛网过滤进水，防止昆虫、小鱼虾等敌害生物随进水进入池中。

三、幼虾放养

面积较大的土池，每平方米放养200~400尾，即每亩放养幼虾15万~20万尾。幼虾放养时，要注意同池中幼虾规格保持一致，选择体质健壮、无病无伤、活动力强的幼虾。放养时间要选择在晴天早晨或傍晚；要带水操作，将幼虾投放在浅水水草区，投放时动作要轻快，要避免使幼虾受伤。放幼虾时还要注意培育池的水温与运虾袋中的水温一致，如不一致则要调温，调温的方法是将幼虾运输袋去掉外袋，单袋浸泡在培育池内10～30分钟，待水温一致后再开袋放虾。

四、日常管理

小龙虾幼虾放养后，饲养前期要适时向培育池内追施发酵过的有机草粪肥，培肥水质，培育枝角类和桡足类浮游动物，为幼虾提供充足的天然饵料。饲养前期每天投喂3～4次，投喂的种类以鱼肉糜、绞碎的螺、蚌肉或从天然水域捞取的枝角类和桡足类为主，也可投喂屠宰场和食品加工厂的下脚料、人工磨制的豆浆等。投喂量以每万尾幼虾0.15～0.20千克，沿池边多点片状投喂。饲养中、后期要定时向池中投施腐熟的草粪肥，一般每半个月一次，每次每亩100～150千克。每天投喂2～3次人工饲料，可投喂的人工饲料有磨碎的豆浆，或者用小鱼虾、螺蚌肉、蚯蚓、蚕蛹等动物性饲料，适当搭配玉米、小麦和鲜嫩植物茎叶，粉碎混合成糜状或加工成软颗粒饲料，日投饲量以每万尾幼虾为0.30～0.50千克，或按幼虾体重的4%～8%投饲，白天投喂占日投饵量的40%，晚上占日投饵量的60%。具体投喂量要根据天气、水质和虾的摄食量灵活掌握。培育过程中，要保持水质清新，溶氧充足。土池要每5～7天加水1次，每次加水量为原池水的1/5～1/3，保持池水"肥、活、嫩、爽"，溶氧量在5毫克/升；每15天左右泼洒1次生石灰水，浓度为每立方米3～5克，进行池水水质调节和增加池水中离子钙的含量，提供幼虾在蜕壳生长时所需的钙质。培育池用水水温适宜范围为24～28℃，要保持水温的相对稳定，每日水温变化幅度不要超过3℃。在适宜的条件

下，小龙虾幼虾培育到3厘米左右，需要经3～6次生长蜕壳。经15～20天培育，幼虾体长达3厘米左右，即可将幼虾捕捞起来，转入成虾饲养。

第二节　水泥培育池

一、水泥培育池选择

小龙虾幼虾水泥培育池一般面积在20～100平方米，面积大比较好。培育池内壁光滑，进排水设施完备，池底有一定的倾斜度，并在出水口有集虾槽和水位保持装置。水位保持装置可自行设计和安装，一般有内、外两种模式。设计在池内的可用内外两层套管，内套管的高度与所希望保持的水位高度一致，起保持水位的作用。外套管高于内套管，底部有缺刻，加水时让水质较差的底部水排出去，加进来的新鲜水不会被排走。设计在池外的，可将排水管竖起一定高度即可。水深保持在0.6～0.8米，上部进水，底部排水。放幼虾前水泥池要用漂白粉消毒，新建水泥池要先脱碱再消毒。小龙虾幼虾在高密度饲养的情况下，易受到敌害生物及同类的攻击。因此培育池中要移植和投放一定数量的沉水性及漂浮性水生植物，沉水性植物可用菹草、轮叶黑藻、眼子菜等，将这些沉水性植物成堆用重物沉于水底，每堆1～2千克，每2～5平方米放一堆。

二、培育池水源

幼虾培育用水一般用河水、湖水和地下水，水源要充足，水质要清新无污染，符合国家颁布的渔业用水或无公害食品淡水水质标准。如果直接从河流和湖泊取水，则要抽取河流和湖泊的中上层水，并在取水时用20～40目的密网过滤，防止昆虫、小鱼虾等敌害生物进入池中。如采用地下水，则要考虑地下水的溶氧量、温度、硬度、酸碱度及重金属含量是否超标。如仅是溶氧和温度的问题，可将地下水抽到一个大池中沉淀、暴气、调温，然后再加注到幼虾培育池中。如地下水硬度、酸碱度和重金属超标，则要对地下水进行水处理或干脆不使用。

三、幼虾放养

不同条件的幼虾培育池，幼虾放养的密度不同。有增氧条件的水泥池，每平方米可放养刚离开母体的幼虾500～800尾；采用微流水培育的水泥池，可放养刚离开母体的幼虾800～1 000尾。幼虾放养时，要注意同池中幼虾规格保持一致，体质健壮、无病无伤。放养时间要选择在晴天早晨或傍晚，如果是室内水泥池，则没有早晚的要求，什么时候都行；要带水操作，投放时动作要轻快，要避免幼虾受伤。同时要注意运输幼虾水体的水温要与培育池里的水温一致，如不一致，则要调温。调温的方法是将幼虾运输袋去掉外袋，单袋浸泡在水泥培育池内10～30分钟，待水温一致后再开袋放虾。

四、日常管理

水泥培育池的日常管理主要是投喂和水质条件的控制，每天应结合投喂巡视4～5次，并做好管理记录。水泥培育池的投喂，是要定时向池中投喂浮游生物或人工饲料。浮游生物可从池塘或天然水域捞取，可投喂的人工饲料有磨碎的豆浆，或者用小鱼虾、螺蚌肉、蚯蚓、蚕蛹、鱼粉等动物性饲料，适当搭配玉米、小麦，粉碎混合成糜状或加工成软颗粒饲料。每天3～4次，日投饲量早期每万尾幼虾为0.20～0.30千克，白天投喂占日投饵量的40%，晚上占日投饵量的60%；以后按培育池虾体重的6%～10%投饲。具体投喂量要根据天气、水质和虾的摄食量灵活掌握。在培育期间，要根据培育池中污物、残饵及水质状况，定期排污、换水、增氧，保持良好的水质，使水中的溶氧保持在5毫克/升以上。幼虾培育池最好是有微流水条件，如果没有微流水条件，则白天换水1/4，晚上换水1/4，晚上开增氧机，整夜或间歇性充气增氧。培育池用水水温适宜范围为26～28℃，要保持水温的相对稳定，每日水温变化幅度不要超过3℃。

五、幼虾收捕

幼虾在水泥培育池中，饲养15天左右，即可长到2～3厘米，此时可将幼虾收获投放到池塘中养殖。幼虾收获的方法主要有拉网捕捞法和排水收虾法两种。

（一）拉网捕捞法

用一张柔软的丝质夏花鱼苗拉网，从培育池的浅水端向深水端慢慢拖拉即可。此种方法适合面积比较大的水泥培育池。对面积比较小的水泥培育池，可不用鱼苗拉网，直接用一张丝质网片，两人在培育池内用脚踩住网片底端，绷紧使网片一端贴底，另一端露出水面，形成一面网兜墙，两人靠紧池壁，从培育池的浅水端慢慢走向深水端即可。

（二）排水收虾法

不论面积大小的培育池都适用，方法是将培育池的水排放至仅淹住集虾槽，然后用抄网在集虾槽收虾。或者是用柔软的丝质抄网接住出水口，将培育池的水完全放光，让幼虾随水流入抄网即可。要注意的是，抄网必须放在一个大水盆内，抄网边露出水面，这样随水流放出的幼虾才不会因水流的冲击力而受伤。

第五章　小龙虾高效养殖模式

第一节　小龙虾养殖场地选择

小龙虾适应能力很强，一些常规的鱼、虾、蟹类都不能生活的水域，小龙虾也能成活。但是选择良好的养殖场地，能够有效地提高小龙虾的产量。小龙虾养殖场地的选择首先要考虑是否适宜其生活与生长。

一、养殖场地的选择

（一）水源与水质

要求水源充足、水质好，江河、湖泊、水库都可以作为养殖水源。同时要参考当地的水文、气象资料，做到旱季可以储水，雨季能够防涝。水质好坏是小龙虾成活的关键，要求虾池周围无污染水源，水质清净，无污染，必须符合《无公害食品　淡水养殖用水水质》的要求。

（二）土壤与底质

小龙虾有穴居的习性，交配、产卵和孵化也都是在洞穴中进行。因此，虾池土壤和底质好坏是影响小龙虾养殖成败的关键。土壤可以分为壤土、黏土、沙土、砾质土等。苗种繁育池塘以壤土、黏土为宜。壤土和黏土池塘，保水力强，水中的营养物质不易流失，有利于小龙虾的苗种繁育和生长。其他土质养殖池塘只要不渗漏，能够种植水草，都可以进行小龙虾的养殖。

虾池经过几年养殖后，由于残饵积存，底质环境恶化容易导致疾病发生。粪便和生物尸体与泥沙混合成淤泥，当淤泥过多、有机耗氧量过大，易造成底层长期缺氧，此外，有机物产生大量的有机酸类物质会使pH值下降，引起病原微生物大量繁殖。小龙虾在不良的环境条件下，抗病力减弱，新陈代谢下降，容易引起虾病。因此，改善池塘环境，及时清淤，是小龙虾养殖的重要措施。一般精养池塘，淤泥厚度要保持在15厘米以内。对于淤泥过多的老池塘，可以采取以下措施。

（1）清塘。排干池水，挖除过多淤泥，可以作为农作物和青饲料的肥料。池塘要每年排水一次，干池后挖去过多淤泥。

（2）晒塘。排干池水清塘后，要通过日晒和冷冻来杀灭病菌，而且可以增加淤泥的通气性，促使淤泥的中间产物分解，变成简单无机物。

（3）消毒。可以使用生石灰进行消毒，可以杀灭寄生虫、病菌和害虫，还可以使池塘保持弱碱性环境和提高池水的硬度，增加缓冲能力，并使淤泥中被胶体所吸附的营养物质代换释放，增加池水肥度。

（三）地形与交通

养殖场要进行苗种、饲料、成虾商品运输，因此要求交通便利、地形要相对平整。宜选择低洼平整的地方建养殖场，灌排方便，交通便利。

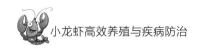

二、小龙虾养殖池塘设计

小龙虾养殖池塘分为苗种繁育池和成虾养殖池。在建造池塘时要考虑进、排水系统、增氧设施和防逃设施。

（一）苗种繁育池

池塘面积一般1 334～1 335平方米，池深1.2～1.5米，池埂坡度为1∶3以上，有利于小龙虾觅食、穴居，池埂顶宽2米以上，有利于种植树木。池底平整，排水口处略微倾斜，进、排水分别在池塘两边，池塘中间有一条宽60厘米、深30～50厘米的集虾沟。

（二）成虾养殖池

成虾养殖池塘面积更大一些，水深1.2～1.5米，池中间设置浅水区和深水区两个部分，浅水区占池塘面积的20%～40%，可在池塘周围和池中间挖宽3～5米、深80～100厘米的深沟。

（三）防逃设施

小龙虾有逆水习性，养殖池塘在进水或大雨的情况下容易随水流发生逃逸，因此在养殖池塘周围要设置防逃设施，可以用石棉瓦、水泥瓦、塑料板等材料进行防逃，要求牢固、防逃效果好即可。

（四）进、排水系统

进、排水系统包括水泵、进水总渠、干渠和支渠，排水总渠和控制闸等。养殖场常用水泵有离心泵、混流泵、潜水泵等，有条件的可以建固定式抽水泵房。排水系统由排水沟和排水口组成，具有自流排水能力的池塘都应设有排水口，排水口位于池底的最低处，与排水沟相通。

（五）增氧设施

近年来，在水产养殖中广泛使用的增氧设施是微孔增氧设备，具有防堵性强，水中噪音低，气泡小，增氧效果好，提高氧利用率，节能省钱等优点。尤其在虾蟹养殖池中的应用，对提高养殖产量起到了十分重要的作用。微孔增氧管要布置在深水区，离池底10~15厘米处，布设要呈水平或终端稍高于进气端，固定并连接到输气的塑料软支管上，支管再连接主管，形成风机—主管—支管—微孔曝气管的三级管网，鼓风机开机后，空气便从主管、支管、微孔增氧管扩散到养殖水域中。主管内直径5~6厘米，微孔增氧管外直径14~17毫米，内直径10~12毫米，管长不超过60米。微孔设备安装最好在秋冬季节，在养殖池塘干塘后进行。所有主、支管的管壁厚度都要求能够打孔固定接头。微孔管器不能露在水面上，也不能靠近底泥。池塘使用微孔增氧管一般3个月不会堵塞，如因藻类附着过多而堵塞，捞起晒干后，轻轻抖落附着物，或用20%的洗衣粉浸泡1小时后清洗干净晾干即可。微孔增氧管固定物不能太重，要便于打捞。

第二节 小龙虾主要养殖模式

小龙虾养殖模式多种多样，不同水域和地区养殖模式也各有不同，目前虾主要养殖模式有大水面放养、稻田养殖、池塘养殖、水生经济植物田养殖。各地可以根据当地水域条件和具体情况灵活进行选择。

一、大水面放养

浅水湖泊、草荡湖泊、沼泽、湿地以及季节性沟渠等面积较大、又不利于鱼类养殖的水域可以放养小龙虾。放养的方法是在7—9月按面积每亩投放经挑选的淡水小龙虾亲虾18～20千克，平均规格40克以上，雌雄性比3∶1。投放亲虾后不需投喂饲料，翌年的4月开始用地笼、虾笼捕捞，捕大留小，年亩产可在150～200千克，以后每年只是收获，无须放种。此种模式需注意的是，捕捞不可过度，如捕捞过度，来年的产量必会大大降低，此时就需要补充放种。另外，此种模式虽然不需投喂饲料，但要注意培植水体中的水生植物，使得小龙虾有充足的食物。培植的方法是定期往水体中投放一些带根的沉水植物即可。大水面水域天然生物饵料资源丰富，适宜小龙虾的繁殖和生长。在这些水域中发展小龙虾养殖时，一般是以粗养为主，但要注意对环境资源的保护。在这个前提条件下，还可以实行网箱养殖小龙虾、围网养殖小龙虾、栏网养殖小龙虾等不同方式，可以大幅度提高小龙虾的产量和经济效益。

二、稻田养殖

稻田养殖小龙虾是利用稻田的浅水环境，辅以人工措施，既种稻又养虾，以提高稻田单位面积效益的一种生产模式。由于小龙虾对水质和饲养场地的条件要求不高，加之我国许多地区都有稻田养鱼的传统，在养鱼效益下降的情况下，推广稻田养殖小龙虾，可有效提高稻田单位面积的经济效益。稻田饲养小龙虾可为稻田除草除害虫、少施化肥、少喷农药，并且养虾稻田一般可增加水稻产量5%～10%，同时每亩能增产小龙虾80千克左右。

有些地区还采取稻虾轮作的模式，特别是那些只能种植一季稻的低湖田、冬泡田、冷浸田，采取中稻和小龙虾轮作的模式，经济效益可在不影响中稻产量的情况下，每亩可生产小龙虾150～200千克。要注意的是稻田饲养小龙虾，对稻田的施肥及用药有一定的要求。施肥应施有机农家肥，而不要使用化肥特别是不能使用氨水及碳酸氢铵。用药要讲究方法，应施用生物制剂，特别是要禁用菊酯类杀虫剂，同时加强稻田的水质管理。

（一）养虾稻田的选择与建设

1.养虾稻田的选择

选择水质良好（符合国家养殖用水相关标准）、水量充足、周围没有污染源、保水能力较强、排灌方便不受洪水淹没的田块进行稻田养虾，面积少则1公顷，多则数顷，面积大比面积小要好。

2.田间工程建设

养虾稻田田间工程建设包括田坝加宽、加高、加固，进、排水口设置过滤、防逃设施，环形沟、田间沟的开挖，安置遮阳棚等工程。沿稻田田埂内侧四周开挖环形养虾沟，沟宽4～5米，深0.8～1.0米。田块面积较大的，还要在田中间开挖"十"字形、"井"字形或"日"字形田间沟，田间沟宽2～3米，深0.6～0.8米。环形虾沟和田间沟面积约占稻田面积20%。利用开挖环形虾沟和田间沟挖出的泥土加固、加高、加宽田埂，平整田面，田埂加固时每加一层泥土都要进行夯实，以防以后雷阵雨、暴风雨时田埂坍塌。田埂顶部应宽3米以上，并加高0.5～1.0米。排水口要用铁丝网或栅栏围住，防止小龙虾随水流外逃或敌害生物进入。进水口用80目的网片过滤进水，以防敌害生物随水流进

入。进水渠道建在田埂上，排水口建在虾沟的最低处，按照高灌低排格局，保证灌得进、排得出。还可在离田埂1米处，每隔3米打一处1.5米高的桩，用毛竹架设，在田埂边种瓜豆、葫芦等，待藤蔓上架后，在炎夏起到遮阳避暑的作用。田四周用塑料薄膜、水泥板、石棉瓦或钙塑板建防逃墙，以防小龙虾逃逸。

（二）虾苗放养前准备

1. 清沟消毒

放虾前10～15天，清理环形虾沟和田间沟，除去浮土，修正垮塌的沟壁。每亩稻田用生石灰20～50千克，或选用其他药物，对环形虾沟和田间沟进行彻底清沟消毒，杀灭野杂鱼类、敌害生物和致病菌。

2. 施足基肥

放虾前7～10天，在稻田环形沟中注水20～40厘米，然后施肥培养饵料生物。一般结合整田，每亩施有机农家肥100～500千克，均匀施入稻田中。农家肥肥效慢，肥效长，施用后对小龙虾的生长无不良影响，还可以减少日后施用追肥的次数和数量，因此，稻田养殖小龙虾最好施有机农家肥，一次施足。

3. 移栽水生植物

环形虾沟内栽植轮叶黑藻、金鱼藻、竹叶眼子菜等沉水性水生植物，在沟边种植蕹菜，在水面上种植水葫芦等。但要控制水草的面积，一般水草占环形虾沟面积的40%～50%，以零星分布为好，不要聚集在一起，这样有利于虾沟内水流畅通无阻塞。

4. 过滤及防逃

进、排水口要安装竹箔、铁丝网及网片等防逃、过滤设施，严防敌害生物进入和小龙虾随水流逃逸。

（三）虾苗放养

小龙虾放养方法有两种：一是在稻谷收割后的9月上旬将种虾直接投放在稻田内，让其自行繁殖，根据稻田养殖的实际情况，一般每亩放养个体在40克/只以上的小龙虾20千克，雌、雄性比3∶1。二是在5月水稻栽秧后，每亩投放规格为2～4厘米的幼虾1 500～2 000尾或30千克。小龙虾在放养时，要注意幼虾的质量，同一田块放养规格要尽可能整齐，放养时一次放足。在晴天早晨或阴雨天放养，放养虾种时用3%～4%的食盐水浸洗10分钟消毒，高温天气进种苗消毒要谨慎，最好是进种苗当时不用食盐水浸洗，进完种苗后可用生石灰按每亩10千克的量对水体进行消毒。

（四）饲养管理

稻田养殖小龙虾基肥要足，应以施腐熟的有机肥为主，在插秧前一次施入耕作层内，达到肥力持久长效的目的。追肥一般每个月1次，每亩施尿素5千克，复合肥10千克，或施有机肥。禁用对小龙虾有害的化肥，如氨水和碳酸氢铵。施追肥时最好先排浅田水，让虾集中到环形沟、田间沟之中，然后施肥，使化肥迅速沉积于底层田泥中，并为田泥和水稻吸收，随即加深田水至正常深度。

稻田养虾一般不投饲料，但在小龙虾的生长旺季可适当投喂饲料。饲料以人工配合饲料为主，也可投喂小杂鱼块、绞碎的螺、蚌等，投喂量根据吃食情况而定，通常以饲料投喂后3小时基本吃完为宜。水质管理要求在4—6月每15～20天泼洒一次底质改良剂。日常管理要求每天巡田检查1次。做好防汛防逃工作。维持虾沟内有较多的水生植物，数量不足要及时补放。大批虾蜕

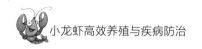

壳时不要冲水、不要干扰，蜕壳后增喂优质动物性饲料。

（五）水稻的栽插与管理

稻田养殖小龙虾为虾稻共生，形成一个新的复合生态系统，最终目的是要在有限的稻田内获得稻虾双高产，达到增收的目的，因而做好水稻的栽插与管理也是一个极其重要的方面。

1. 水稻秧苗的栽插

养殖小龙虾的稻田，由于土壤肥力较好，宜选用耐肥力强、茎秆坚硬、不易倒伏、抗病害和产量高的水稻品种，特别是病虫害少的水稻品种，尽量减少水稻在生长期间的施肥和喷施农药的次数。水稻田通常要求在5月底翻耕，6月10日前后开始栽插。移栽前的2~3天，要对秧苗普施1次高效农药。通常采用浅水移栽，宽密行结合的栽插方法，即宽行30~40厘米，密行20厘米左右，发挥宽行的边际优势。插秧的方向最好是南北向，以利稻田通风透光。

2. 水稻的生长管理

（1）施肥。稻田施肥，应选择晴朗天气，水稻栽插前要施足基肥，基肥以长效有机肥为主，每亩可施有机肥200~300千克，也可在栽插前结合整地一次性深施碳酸氢铵40~50千克。追肥应以尿素为主，全年施2~3次，每次每亩施4~6千克，视水稻生长情况而定。

（2）除草杀虫。养虾的稻田，一些嫩草被小龙虾吃掉，但稗草等杂草则要用人工拔除。水稻生长后期主要是三代三化螟的为害，除在栽插前用药普治1次外，对三代三化螟可选用低毒高效农药，采取喷雾的办法进行防治。注意用药浓度，用药后要及时换1次新鲜水。这样做既能起到治虫效果，又不致伤害小龙虾。

（3）晒田。为保证小龙虾的生长觅食，要妥善处理虾、稻生长与水的关系。平时保持稻田面有5~10厘米的水深。晒田时，不完全脱水，水位降至田面将露出水面即可，且时间较短，一旦发现小龙虾有异常反应，应立即灌水。养殖过程中，只需晒田1次。

（六）小龙虾与中稻的轮作养殖

小龙虾与中稻轮作，就是种一季水稻，接着养殖一季小龙虾。小龙虾和中稻以轮作模式进行养殖、种植，资源能得到充分利用，并且投入少、效益好。下面详细介绍小龙虾和中稻轮作技术。

在有些地区，特别是湖区的低湖田、冬泡田或冷浸田一年只种植一季中稻。11月收割后，稻田空闲到翌年的6月再种中稻。这些田采取小龙虾和中稻轮作，不影响中稻田的耕作，也不影响中稻的产量，每年每亩可收获小龙虾150~200千克，经济效益非常可观，是湖区广大农民种田致富的一个好门道，其方法如下。

1. 稻田的条件与准备

稻田要选择水质良好（水质符合国家养殖用水相关标准）、水量充足、没有污染的大水体做水源，并且离水源较近，保水性能好，排灌方便，不会被洪水淹没。稻田的面积宜大，一般为数公顷。田埂较高。田埂内沿四周开挖宽4~5米、深0.8米的环形养虾沟。面积较大的田，中间还要开挖"十"字形、"井"字形或"日"字形田间沟，宽2~3米、深0.6~0.8米。环形养虾沟和田间沟面积占稻田面积5%~10%。利用开挖环形虾沟和田间沟挖出的泥土加固、加宽、加高田埂，平整田面。田埂加固时每加一层泥土都要进行夯实，以防以后暴风雨时田埂

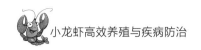

坍塌。田埂顶部应宽3米以上，并加高0.5～1.0米，至少能关住0.4～0.6米深的水，有条件的应在田埂上用网片或石棉瓦封闭，防止小龙虾逃逸。排水口要用铁丝网或铁栅栏围住，防止小龙虾随水流外逃或敌害生物进入。其他准备与前述的稻田养虾相同。

2. 小龙虾的放养

采取小龙虾与中稻轮作的模式，要一次放足虾种，分期分批捕捞。中稻和小龙虾的轮作中，小龙虾的放养有3种模式。

（1）放种虾模式。每年的7—8月，在中稻收割前1～2个月，往稻田的环形养虾沟中投放经挑选的小龙虾亲虾。每亩投放18～20千克，高的可到25～30千克，雌、雄比例3∶1。小龙虾亲虾投放后不必投喂，亲虾可自行摄食稻田中的有机碎屑、浮游动物、水生昆虫、周丛生物及水草。稻田的排水、晒田、割谷照常进行，在稻田排水、晒田时，小龙虾亲虾会掘洞进入地下进行繁殖。中稻收割后将秸秆还田随即灌水，施腐熟的有机草粪肥，培肥水质。待发现有较多幼虾活动时，可用地笼捕走大虾，并加强幼虾的饲养和管理。在投放种虾这种模式中，小龙虾亲虾的选择很重要。选择的亲虾要求颜色暗红或黑红、有光泽、体表光滑无附着物，个体大，雌、雄性个体重均在40克以上，最好雄性个体大于雄性个体，雌、雄亲虾都要求附肢齐全、无损伤，体格健壮，活动能力强，离水时间要尽可能短。

（2）放抱卵虾模式。每年的9—10月，当中稻收割后，将稻草还田，用木桩在稻田中营造若干深10～20厘米的人工洞穴并立即灌水。稻田灌水后往稻田中投放抱卵虾。抱卵虾可来源于人工繁殖，也可从市场收购，但人工繁殖的抱卵虾质量较好，成活率较高。抱卵虾离水时间要尽可能短，所产卵粒要多，投放量为每亩12～15千克。抱卵虾投放后不必投喂人工饲料，但要投施一些牛粪、猪粪、鸡粪等腐熟的农家肥，培肥水质。抱卵虾可自行摄食稻田中的有机碎屑、浮游动物、水生昆虫、周丛生物、水草及猪、牛粪。待发现有小虾活动时，可用地笼适时捕捞大虾并加强对幼虾的饲养和管理。稻田中天然饵料生物不丰富的，可适当投喂一些人工饵料，如鱼糜，人工捞取的枝角类和桡足类，绞碎的螺、蚌肉等。

（3）放幼虾模式。每年的10—11月当中稻收割后，用木桩在稻田中营造若干深10～20厘米的人工洞穴并立即灌水。往稻田中投施腐熟的农家肥，每亩投施量为100～300千克，均匀地投撒在稻田中，没于水下，培肥水质。往稻田中投放离开母体后的幼虾每亩2万～3万尾。在天然饵料生物不丰富时，可适当投喂一些鱼肉糜，绞碎的螺、蚌肉；动物饲料不丰富时，可适当投喂一些鱼肉糜，绞碎的螺、蚌肉及动物屠宰场和食品加工厂的下脚料等，也可人工捞取枝角类、桡足类，每亩每天可投500～1 000克或更多。人工饲料投在稻田沟边，沿边呈多点块状分布。

3种放养模式，稻田中的稻草都应尽可能多地留置在稻田中，呈多点堆积并没于水下浸沤。整个秋、冬季，注重投肥、投草，培肥水质。一般每个月投1次水草，施1次腐熟的农家粪肥。天然饵料生物丰富的可不投饲料，天然饵料生物不足而又看见有大量幼虾活动时，可适当投喂。当水温低于12℃，可不投喂。冬季小龙虾进入洞穴中越冬，到翌年的2—3月水温才适合养殖小龙虾。调控的方法是：白天有太阳时，水可浅些，让太阳晒水以便水温尽快回升；晚上、阴雨天或寒冷天气，水应深些，以免水温下降。开春以后，要加强投草、投肥，培养丰富的饵料生物，一般每亩每半个月投1次水草，100～150千克；每个月投1次发酵的猪牛粪，100～150千克。有条件的每天还应适当投喂1次人工饲

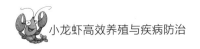

料，以加快小龙虾的生长。可用的饲料有虾人工配合饲料，饼粕、谷粉，绞碎的螺、蚌及动物屠宰场的下脚料等，投喂量按稻田存虾重量的2%～6%，傍晚投喂。3月底用地笼开始捕虾，捕大留小，一直至5月底6月初中稻田整田前，彻底干田，将田中的小龙虾全部捕起。以上3种模式，以7—8月投放种虾和10—11月投放幼虾的模式较好。这两种模式比9—10月放抱卵虾模式出幼虾的时间要早20～30天，越冬前的饲养期多20～30天。

三、小龙虾池塘养殖模式

（一）养殖场地的选择

养殖场地的选择首先要求"三通"，即通水、通电、通路。其次要求水源充足、水质清新、土质坚实，土质沙化或松软的地区不适宜建造小龙虾养殖场。由于小龙虾具掘穴和穴居习性，在土质沙化或松软的条件下洞穴极易坍塌，因此小龙虾会及时进行修补，反复坍塌反复修补，导致其能量消耗极大，进而影响其存活、生长与繁殖。通常情况下，养殖池塘的面积、形状要求相对不太严格，因地制宜。池塘保水性能要好，池埂宽度在1.5米以上，进、排水系统完备。池塘的内部结构要求相对较为严格，必须根据小龙虾的生物学特性，科学合理的布局，以期达到最佳的养殖效果。池塘建设过程中应注意以下几点。

（1）池埂应具有一定的坡度，坡比相对大些为宜。

（2）池中需设深水区与浅水区。深水区的水位可达1.5米以上，浅水区应占到池塘总面积的2/3左右。小虾喜打洞掘穴，可在池中堆置一定数量的圩埂以增加池塘底面积，为小龙虾提供尽可能多的栖息空间，也可开挖沟渠或搭建小龙虾栖息平台。

（3）为了保证小龙虾的品质，提高其商品价值，池塘底泥应控制在15厘米以内，多余的淤泥必须清除。

（二）养殖池塘的准备

1. 池塘的清塘与消毒

养殖池塘是小龙虾生活栖息的场所，池塘环境的好坏直接影响到其生长和健康。在养殖过程中，各种病原体通过不同途径进入池中，塘底淤泥也伴随着养殖周期不断沉积并为病原体繁衍提供条件。因此，为预防病害必须坚持每年清塘消毒。目前，清塘消毒的方法主要有以下两种。

（1）物理方法。利用冬歇期将池塘排干，去除过多的淤泥，经充分暴晒使池底土壤表层疏松，改善通气条件，加速土壤中有机物质转化为营养盐类，同时还可达到消灭病虫害的目的。

（2）化学方法。在苗种放养前15天左右使用清塘药物对池塘进行消毒灭害，常用的药物有生石灰、漂白粉和茶粕等。

2. 池塘底质改良

清塘1周后，排干池水，池底进行暴晒至池底龟裂，用犁翻耕池底，再暴晒至表层泛白，使塘底土壤充分氧化；根据池底肥力施肥（有条件最好能测定），通常每亩施经发酵的有机肥150～200千克（以鸡粪为宜），新塘口应增加施肥量，然后用旋耕机进行旋耕，使肥料与底泥混合，同时平整塘底，有利于水草的扎根、生长及底栖生物的繁殖。

3. 防逃设施的修建

小龙虾具有较强的逆水性和攀爬能力，养殖池塘进水或遇到暴雨天气时，极易发生小龙虾逃逸的现象。因此，养殖池塘必须具备完善的防逃设施。现在市售可供修建防逃设施的材料主要

有石棉瓦、水泥瓦、塑料板以及加装塑料布的聚乙烯网片等，养殖单位应结合当地实际情况进行选择，确保取材方便、材质牢固、防逃效果优良即可。同时，池塘进、排水口需用60目聚乙烯筛网过滤，既可严防野杂鱼及其鱼卵进入池塘，也可防止小龙虾逆水逃逸。

（三）水生植物种植与移植

1. 养虾种草的必要性

小龙虾属甲壳动物，生长是通过多次蜕壳来完成的。刚蜕壳的小龙虾十分脆弱，极易受到攻击，一旦受到攻击就会引起死亡，因此小龙虾在蜕壳时必先选定一个安全的隐蔽场所。为了给小龙虾提供更多隐蔽、栖息的理想场所，在养殖塘口中种植一定比例的水草，对小龙虾养殖具有十分重要的意义。通过种植水生植物来控制和改善养殖水体的生态环境，同时也为其提供更多的饲料源，促进小龙虾的生长。因此，渔民有"要想养好虾，先要种好草"的谚语。所以养虾种草是非常必要的。养虾塘种草的好处：一是可以改善养殖环境，有效防止病害发生；二是可以极大地提高养殖小龙虾的品质。虾塘种植和移植水生植物的主要作用如下。

（1）重要的营养来源。从蛋白质、脂肪含量看，水草很难构成小龙虾食物中蛋白质、脂肪的主要来源，因而必须依靠动物性饵料。但是，水草茎叶富含维生素C、维生素E和维生素B_{12}等，可补充动物性饵料中缺乏的维生素。此外，水草中含有丰富的钙、磷和多种微量元素，加之水草中通常含有1%左右的粗纤维，这更有助于小龙虾对各种食物的消化和吸收。

（2）不可缺少的栖息场所和隐蔽物。小龙虾在水中只能做短暂的游泳，常趴伏于各种浮叶植物休息和嬉戏。因此，水草是它们适宜的栖息场所。更为重要的是，小龙虾的周期性蜕壳常依附于水草的茎叶上，而蜕壳之后的软壳虾又常常要经过几小时静伏不动的恢复期。在此期间，如果没有水草做掩护，很容易遭到硬壳虾和某些鱼类的攻击。

（3）净化和稳定水质。小龙虾对水质的要求较高。池塘中培植水草，不仅可在光合作用的过程中释放大量氧气，同时还可吸收塘中不断产生的氨氮、二氧化碳和各种有机分解物，这种作用对于调节水体的pH值、溶解氧以及稳定水质都有重要意义。

（4）不可忽视的药理作用。多种水草具有药用价值，小龙虾得病后可自行觅食，消除疾病，既省时省力，又能节约开支。

（5）重要的环境因子。水草的存在利于水生动物的生长，其中许多幼小水生动物又可成为小龙虾的动物性活饵料。这就表明，水草是养殖池中重要的环境因子，无论对小龙虾的生长还是对其疾病防治均具有直接或间接的意义。

（6）提高小龙虾品质。池塘通过移栽水草，一方面能够使小龙虾经常在水草上活动，避免在底泥或洞中穴居，造成小龙虾体色灰暗。另一方面有助于水质净化，降低水中污染物含量，使养成的小龙虾体色光亮，有利于提高品质，提高养殖效益。

2. 适宜养殖小龙虾的水草

小龙虾养殖生产中常用的水草主要有以下7种。

（1）水花生。又名空心莲子草，学名为*Alternanthera philoreoides*（Mart.）Griseb.，为苋科，莲子草属，原产于巴西，是一种多年生宿根性杂草，生命力强，适应性广，生长繁殖迅速，水陆均可生长，主要在农田（包括水田和旱田）、空地、鱼塘、沟渠河道等环境中生长。该草已成为恶性杂草，在我国23个省份都有分布。水花生抗逆性强，靠地下（水下）根茎越冬，利用营养体（根、茎）进行无性繁殖。冬季温度降至0℃时，其水面或地上部分已冻死，春季温度回升至10℃时，越冬的水下或地下根茎即可萌发生长。水花生茎段暴晒1~2天仍能存活，在池塘等水生环境中生长繁殖迅速，但腐败后又污染水质。中小龙虾喜欢吃食水花生的嫩芽，在饲料不足的情况下，早春虾塘中的水花生很难成活。水花生对小龙虾还有栖息、避暑和躲避敌害的作用，水花生生长好的养虾塘在夏季高温期也容易开展捕捞。

（2）水葫芦。又名凤眼莲，学名为*Eichhornia crassipes*，多年生水草，原产于南美洲亚马孙河流域。1884年，它作为观赏植物被带到美国的一个园艺博览会上，当时被预言为"美化世界的淡紫色花冠"，并从此迅速开始了它走向世界之旅，1901年引入我国。它美丽却绝不娇贵，不但在盆栽的花钵里，在遗弃或扩散到野外时也同样长势旺盛。水葫芦叶单生，叶片基本为荷叶状，叶顶端微凹，圆形略扁，每叶有泡囊承担叶花的重量悬浮于水面生长，其须根发达，靠根毛吸收养分，主根（肉根）分蘖下代。水葫芦的吸污能力在所有的水草中，被认为是最强的，几乎在任何污水中都生长良好、繁殖旺盛。水葫芦是一种可供食用的植物，味道像小白菜，是一味正宗的"绿色蔬菜"，含有丰富的氨基酸，包括人类生存所需又不能自身制造的8种氨基酸，小龙虾吃食水葫芦嫩芽和嫩根，养虾塘中的水芦根须较短，是由小龙虾吃食造成的。水葫芦也是小龙虾栖息、避暑和躲避敌害的场所。

（3）菹草。又名丝草、榨草、鹅草，学名为*Potamogeton crispus* L.，菹草为多年生沉水草本植物，生于池塘、湖泊、溪流中，静水池塘或沟渠较多，水体多呈微酸至中性，菹草根状茎细长，茎多分枝、略扁平，分枝顶端常结芽位，脱落后长成新植株。该草分布于我国南北各省（区、市），为世界广布种，可作为鱼的饵料或绿肥，菹草生命周期与多数水生植物不同，它在秋季发芽，冬春生长，4—5月开花结果，夏季6月后逐渐衰退腐烂，同时形成鳞枝（冬芽）以度过不适环境。冬芽坚硬，边缘具有齿，形如松果，在水温适宜时才开始萌发生长。菹草全草可作为饲料，在春秋季节可直接为小龙虾提供大量天然优质青绿饲料，小龙虾养殖池中种植菹草，可防止相互残杀，充分利用池塘中央水体。在高温季节菹草生长较慢，老化的苗草在水面常伴有青泥苔寄生，应在高温季节来临之前梳理掉一部分，通常菹草以营养体移栽繁殖。

（4）轮叶黑藻。俗称蜈蚣草、黑藻、轮叶水草、车轴草，学名为 *Hydrilla verticillata*（L.f.），轮叶黑藻为雌雄异体，花白色，较小，果实呈三角棒形，秋末开始无性生殖，在枝尖形成特化的营养繁殖器官鳞状芽苞，俗称"天果"，根部形成白色的"地果"，冬季天果沉入水底，被泥土污物覆盖，地果入底泥3~5厘米，地果较少见。冬季为休眠期，水温10℃以上时，芽苞开始萌发生长，前端生长点顶出其上的沉积物，茎叶见光呈绿色，同时随着芽苞的伸长在基部叶腋处萌生出不定根，形成新的植株，轮叶黑藻属于"假根尖"植物，只有须状不定根，枝尖插植3天后就能生根，形成新的植株。轮叶黑藻是小龙虾的优质饲料。营养体移栽繁殖一般在谷雨前后进行，把池塘水排干，留底泥10~15厘米，将长至15厘米的轮叶黑藻切成长8厘米左右的段节，每亩按30~50千克均匀泼洒，让茎节部分浸入泥中，再把池塘水加至15厘米水深。约20天后全池都覆盖着新生的轮叶黑藻，可将水加至30厘米，以后逐步加深池水，不使水草露出水面。移植

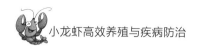

初期应保持水质清新，不能干水，不宜使用化肥，白天水深，晚间水浅，减少小龙虾食草量，促进须根生成。

（5）竹叶眼子菜。又名马来眼子菜，学名为*Potamogeton malaianus* Miq.，是眼子菜科（Potamogetonaceae）、眼子菜属（*Potamogeton*）植物。多年生沉水草本，具根状茎。茎细长，不分枝或少分枝，长可达1米。叶具柄；叶片条状矩圆形或条状披针形，中脉粗壮，横脉明显，边缘波状，有不明显的细锯齿。本科植物起源久远，化石最早见于第三纪始新世，是热带至温带分布种。生于湖泊、池塘、灌渠和河流等静水水体和缓慢的流水水体中，在我国是水生植物的优势种类之一。竹叶眼子菜营养价值较高，按鲜重计，含粗蛋白13.6%、粗脂肪1.6%、粗纤维16.0%、无氮浸出物43.4%、粗灰分11.0%，是鱼、虾、蟹的优良天然饵料。也是污染敏感植物，对各种污水有较高的净化能力。马来眼子菜在6月以后就会老化而萎缩。因此，在养殖池一般和别的水草一起种植，不能以主草种植。

（6）伊乐藻。学名为*Elodea nuttallii*，水鳖科、伊乐藻属，一年生沉水草本，为雌雄异株植物。原产于美洲，后移植到欧洲、日本等地，我国20世纪80年代初由中国科学院南京地理与湖泊研究所从日本引进。伊乐藻具有鲜、嫩、脆的特点，是虾、蟹优良的天然饵料。用伊乐藻饲喂虾、蟹，适口性较好，生长快，成本低，可节约精饲料30%左右。虾、蟹养殖池种植伊乐藻，可以净化水质，防止水体富营养化。伊乐藻不仅可以在光合作用的过程中放出大量的氧，还可以吸收利用水中不断产生的大量有害氨态氮、二氧化碳和剩余的饵料溶失物及某些有机分解物，这些作用对稳定pH值，使水质保持中性偏碱，增加水体的透明度，促进虾、蟹蜕壳，提高饲料利用率，改善品质等都有重要意义。

同时，还可以营造良好的生态环境，供虾、蟹活动、隐藏、蜕壳，使其较快地生长，降低发病率，提高成活率。伊乐藻适应力极强，只要水上无冰即可栽培，气温在4℃以上即可生长，在寒冷的冬季能以营养体越冬，当苦草、轮叶黑藻尚未发芽时，该草已大量生长。

（7）蕹菜。又名空心菜、蕻菜，学名为*Ipomoea aquatica*，为一年生蔓状浮水草本植物。全株光滑无毛，匍匐于污泥或浮于水上。茎绿或紫红色，中空，柔软，节上生有不定根。叶互生，长圆状卵形或长三角形，先端短尖或钝，基部截形，长6～15厘米，全缘或波状，具长柄。8月下旬开花，花白色或淡紫色，状如牵牛花。蒴果球形，长约1厘米。种子2～4粒，卵圆形。

蕹菜喜高温潮湿气候，生长适宜温度为25～30℃，能耐35～40℃的高温，10℃以下生长停滞，霜冻后植株枯死。喜光和长日照。对土壤要求不高。分枝能力强。蕹菜不仅是良好的蔬菜种类，也可做浅水处绿化布置，与周围环境相映，别有一番风趣。

（8）苦草。学名为*Vallisneria natans*（Lour.）Hara，别称蓼萍草，扁草。多年生无茎沉水草本，具匍匐茎，白色，光滑，先端芽浅黄色。叶基生，线形或带形，绿色或略带紫红色。萼片3片，大小不等，成舟形浮于水上，中间一片较小，中肋部龙骨状，向上伸似帆。果实圆柱形，长5～30cm。种子倒长卵形，有腺毛状凸起。生于溪沟、河流等环境之中。分布在中国的多个省（区）；伊拉克、印度、中南半岛、日本、马来西亚和澳大利亚等地也有分布。有药用、观赏、经济等多种价值。

3. 水草栽培方法

水草的栽培方法有多种，应根据不同的水草采取不同的栽培方法。

（1）栽插法。这种方法一般在虾种放养之前使用，首先浅灌池水，将轮叶黑藻、伊乐藻等带茎水草切成小段（伊乐藻长度15～20厘米），然后像插秧一样，均匀地插入池底。池底淤泥较多时可直接栽插。若池底坚硬，可事先疏松底泥后再栽插。

（2）抛入法。菱、睡莲等浮叶植物，可用软泥包紧后直接抛入池中，使其根茎能生长在底泥中，叶能漂浮水面。每年的3月前后可在渠底或水沟中，挖取水草的球茎，带泥抛入水沟中，让其生长，供小龙虾取食。

（3）移栽法。茭白、慈姑等挺水植物应连根移栽。移栽时，应去掉伤叶及纤细劣质的秧苗，移栽位置可在池边的浅滩处，要求秧苗根部入水10～20厘米。整个株数不能过多，每亩保持30～50棵即可，过多反而会占用大量水体，造成不良影响。

（4）培育法。对于浮萍等浮叶植物，可根据需要随时捞取，也可在池中用竹竿、草绳等隔一角落进行培育。只要水中保持一定的肥度，它们都可良好生长。若水中肥度不大，可施少量化肥，化水泼洒，促进水草生长发育。水花生因生命力较强，应少量移栽，以补充其他水草的不足。

（5）播种法。近年来最为常用的水草是苦草。苦草的种植采用播种法，对于有少量淤泥的池塘最为适合。播种时水位控制在15厘米，先将苦草籽用水浸泡1天，将泡软的果实揉碎，把果实里细小的种子搓出来，然后加入约10倍于种子量的细沙壤土，与种子拌匀后播种。播种时要将种子均匀撒开。播种量为每公顷水面1千克（干重）。种子播种后要加强管理，提高苦草的成活率，使之尽快形成优势种群。

4. 水草移栽布局

水草种植品种应多样化，一个养殖池至少2个品种。水草移栽可根据池塘形状进行布局,一般为棋盘状和条块状,全池水草覆盖率控制在50%~60%。移栽水花生的池塘,首先在池中适当加水,以池底潮湿为好(便于操作),然后每隔3米栽种一条30厘米宽的水花生条,水花生用土压住就行。待水花生返青出芽后,逐步加水至20厘米,再移栽伊乐藻、轮叶黑藻、马来眼子菜等沉水植物。条块形布局种草一般每隔3~5米种植一条4~5米宽的水草。

(四)注水施基肥

养殖用的水源要求水质清新,溶氧量在5毫克/升以上,pH值在7~8,无污染,尤其不能含有溴氰菊酯类物质(如"敌杀死"等)。小龙虾对溴氰菊酯类物质特别敏感,极低的浓度就会造成小龙虾死亡。进水前要认真仔细检查过滤设施是否牢固、破损。注水时需用80目筛绢网布做成的网袋进行过滤,防止敌害生物、鱼类进入。初次进水深度不宜过大,一般控制在30厘米左右,以后根据种植水草要求进水,水草移栽好后逐步加水。每次加水量以超过水草20厘米左右高度为佳,这样有利于提高水温,促进水草生长。池塘注水位可根据气温调节,通常3月的浅水层水位控制在30厘米,4月控制在40厘米,5月控制在50厘米,6月达到满塘水位,即最高水位。

为了使虾苗一入池便可摄食到适口的优质天然饵料,提高虾苗的成活率,池中有必要施放一定量的有机肥或生物肥料,以便培养水质及天然生物饵料,如轮虫、枝角类、桡足类等浮游动物。有机肥施放前要发酵,方法为:有机肥中加10%生石灰、5%磷肥,充分搅拌后堆集,用土或塑料薄膜覆盖,经1周左右即可施用。

（五）苗种放养技术

小龙虾在春、秋季两季都有产卵现象，不同时期繁育出来的虾苗，在饲养管理、饲养时间的长短、出售上市的时间、商品虾的个体规格和单位面积产量等方面也各不相同。因此，投放虾苗的数量，也应根据不同的养殖方式灵活决定。

1. 苗种质量要求

小龙虾苗种以专池繁育的苗种为佳，放养规格以150～300尾/千克为宜，尽量一次放足。要求规格整齐、体质健壮、附肢齐全、无病无伤、生命力强、活力好。

2. 苗种运输

根据运输季节、天气和距离来选择运输工具、确定运输时间。短途运输可采用虾苗箱或食品运输箱进行干法运输，即在虾苗箱或食品运输箱中放置水草以保持湿度。虾苗箱一般每箱可装苗种2.5～5.0千克，食品运输箱每箱相对运输的数量要多，通常可在同一箱中放上2～3层，每箱能装运10～15千克。

3. 放养方法

放养时间选择晴天清晨或傍晚进行，放苗时要避免水温温差过大（不要超过3℃）。经过长途运输的苗种运至池边后要让其充分吸水，排出头胸甲两侧内的空气，然后多点散开放养下池。

4. 放养密度

虾苗放养密度主要由池塘条件、饵料供应、管理水平和产量指标4个方面决定。放养量要根据计划产量、成活率、估计成虾个体大小、平均重量来决定。一般放养量可采用下面公式来推算：放养量（尾）=养殖面积（每亩）×计划每亩产量（千克）×

预计养成虾单位重量尾数（尾/千克）÷预计成活率。根据经验，小龙虾主养池塘一般放养量为每亩0.5万～0.8万尾。混养池塘放养量为每亩0.2万～0.3万尾。放养时间4—6月，混合放养时，主养小龙虾的塘口可以混养少量河蟹，一般每亩放养1龄蟹种50～150只；也可以放养适量的鲢、鳙来调节水质。混养品种放养时间为2—4月。

（六）养殖管理

1. 饲料投喂

饲料品种以配合饲料为主，要求粗蛋白含量在35%以上，有条件的可在前期适当投喂冰鲜小杂鱼，以提高养殖成活率，促进幼虾生长。投喂方法：日投喂2次，4：00—5：00投喂日投量的30%，17：00—18：00投喂日投量的70%，采取沿池埂边和浅水田边多点散投，有条件的用船载投饲机投喂。日投喂量一般按存塘虾体重的3%～5%估算，具体饲料投喂要根据水温、天气、水质、摄食情况和水草生长情况做调整，饲料投喂后要检查，实际日投饲量以饲料投喂后3小时内基本吃完为准。

2. 日常管理

（1）池水调控。池水通常是水位"前浅后满"、水质"前肥后瘦"，整个养殖过程一般不需要换水，仅添加新水就可以；池水透明度一般早期30厘米以上，中后期40厘米以上；养殖期间每20天可使用1次微生物制剂，调节和改善水质。

（2）保持一定的水草。水草对于改善和稳定水质具有积极作用。飘浮植物水葫芦、水花生等最好成捆、成片揽在一起，即可成为小龙虾的栖息场所，又可以让软壳虾躲在草丛中可免遭伤害，在夏季时还能起到遮阳降温作用。

（3）微孔增氧设备。虾苗放养后可根据天气情况使用微孔增氧设备。进入6月以后，天气逐步炎热，每天都应使用微孔增氧设备。开启时间为每天23：00—24：00到第二天太阳出来（5：00—6：00）。同时也要根据具体的天气情况调整开机时间。原则是不能让小龙虾出现缺氧"浮头"的现象。

（4）严防敌害生物。有的养虾池鼠害严重，一只老鼠一夜可吃掉上百只小龙虾，要采取人力驱赶、工具捕捉、药物毒杀等方法彻底消灭老鼠。鱼、鸟和水蛇对小龙虾也有威胁。消除鱼、鸟和水蛇。

（5）病害预防。养殖期间一般不会发生病害，所以养殖期间尽量不用抗菌药和消毒剂等药物。但要注意水草的变化，保证饲料的质量和新鲜度。要注意观察小龙虾活动情况，发现异常，如不摄食、不活动、附肢腐烂、体表有污物等，可能是患了某种疾病，要快速作出诊断，迅速施药治疗，减少小龙虾死亡。

（6）早晚坚持巡塘。要坚持每天巡塘，观察小龙虾摄食情况，及时调整投饲量，并注意及时清除残饵，对食台定期进行消毒，以免引起小龙虾生病。为了能及时发现问题和总结经验，早晚都要进行巡塘，注意水质变化和测定，并做好详细的记录，发现问题要及时采取措施。

①水温。每天4：00—5：00、14：00—15：00测气温、水温各1次。测水温应使用表面水温表，要定点、定深度，一般是测定虾池平均水深30厘米的水温。在池中还要设置最高、最低温度计，可以记录某一段时间内池中的最高和最低温度。

②透明度。池水的透明度可反映水中悬浮物的多少，包括浮游生物、有机碎屑、淤泥和其他物质，它与小龙虾的生长、成活率、饵料生物的繁殖及高等水生植物的生长有直接的关系，是

虾类养殖期间重点控制的因素之一。测量透明度简单的方法是使用沙氏盘（透明度板）。透明度每天下午测定1次。一般养虾塘的透明度保持在30～40厘米为宜，透明度过小，表明池水混浊度较高，水太肥，需要注换新水；透明度过大，表明水太瘦，需要追施肥料。

③溶解氧。每天黎明前和14：00—15：00，各测1次溶氧量以掌握虾池中溶氧量变化的动态状况。溶氧量测定可用比色法或测溶氧仪测定。池中水的溶氧量应保持在3.5毫克/升以上。

④不定期测定pH值、氨氮、亚硝酸盐等。养虾池塘要求pH值7.0～8.5，氨氮控制在0.6毫克/升以下，亚硝酸盐在0.01毫克/升以下。

⑤生长情况的测定。每周或10天测量虾体长1次，每次测量不少于30尾，在池中分多处采样。测量工作要避开中午的高温期，以早晨或傍晚最好，同时观察虾胃的饱满度，调节饲料的投放量。

⑥定期检查、维修防逃设施。遇到大风、暴雨天气更要注意，以防损坏防逃设施而逃虾。

⑦塘口记录。每个养殖塘口必须建立塘口记录档案，记录要详细，由专人负责，以便经验的总结。

（七）出塘捕捞

经过60～70天的精心养殖，小龙虾规格基本上都在40克/尾以上时，就应及时捕捞。一般用地笼网诱捕，由于池塘中的虾基本上都是商品规格虾，地笼网捕出来的虾不要在养殖池边分拣，可集中一起后再分拣不同规格的虾，降低劳动强度。起捕后的虾不要再放回到养殖池塘中。

四、藕田养殖小龙虾

在藕田、藕池中养殖小龙虾，是充分利用藕田、藕池水体、土地、肥力、溶解氧、光照、热能和生物资源等自然条件的一种养殖模式。栽种莲藕的水体大体上可分为藕池与藕田两种类型，藕池多是农村坑塘，水深多在50～180厘米，栽培期为4—10月，藕叶遮盖整个水面的时间为7—9月。藕田是专为种藕修建的池子，池底多经过踏实或压实，水深一般为10～30厘米，栽培期为4—9月。由于藕池的可塑性较小，利用藕池饲养小龙虾，多采用粗放的饲养模式。而藕田由于便于改造，可塑性较大，所以利用藕田饲养小龙虾，生产潜力较大。

（一）藕田的工程建设

选择饲养小龙虾的藕田，要求水源充足、水质良好、无污染、排灌方便、抗洪抗旱能力较强、池中土壤的pH值呈中性至微碱性，并且阳光充足，光照时间长，浮游生物繁殖快，尤其以背风向阳的藕田为好。忌用有工业污水流入的藕田养殖小龙虾。养虾藕田的建设主要有以下3项内容。

1.加固加高田埂

饲养小龙虾的藕田，为防止小龙虾掘洞时将田埂掘穿，引发田埂崩塌，在汛期和大雨后发生漫田逃虾，因此需加高、加宽和夯实池埂。加固的田埂应高出水面40～50厘米，田埂四周用塑料薄膜或钙塑板修建防逃墙，最好再用塑料网布覆盖田埂内坡，下部埋入土中20～30厘米，上部高出埂面70～80厘米；田埂基部加宽80～100厘米。每隔1.5米用木桩或竹竿支撑固定，网片上部内侧缝上宽度30厘米左右的农用薄膜，形成"倒挂须"，防止小龙虾攀爬逃逸。

2. 挖虾沟、虾坑

为了给小龙虾创造一个良好的生活环境和便于集中捕虾，需要在藕田中挖虾沟和虾坑。开挖时间一般在冬末或初春，并要求一次建好。虾坑深50厘米，每个虾坑面积3～5平方米，虾坑与虾坑之间，开挖深度为50厘米、宽度为30～40厘米的虾沟。虾沟可呈"十"字形、"田"字形、"井"字形，一般小田挖成"十"字形，大田挖成"田"字形、"井"字形。整个田中的虾沟与虾坑要相通。一般每亩藕田开挖一个虾坑，虾坑总面积为20～30平方米，藕田的进、排水口要呈对角排列，并且与虾沟、虾坑相通连接。

3. 进、排水口防逃栅

进、排水口处要安装竹箔、铁丝网等防逃栅栏，高度应高出田埂20厘米，其中进水口的防逃栅栏要朝田内安置，呈弧形或"U"形安装固定，凸面朝向水流。注排水时，如果水中渣屑多或藕田面积大，可设双层栅栏，里层拦虾，外层拦杂物。

（二）消毒施肥

在放养虾苗前10～15天，藕田要进行消毒施肥，每亩藕田用生石灰100～150千克，对水后全田泼洒，或选用其他药物对藕田和饲养坑、沟进行彻底清田消毒。饲养小龙虾的藕田，应以施基肥为主，每亩施有机肥1 500～2 000千克；也可以加施化肥，每亩用碳酸氢铵20千克，过磷酸钙20千克。基肥要施入藕田耕作层内，一次施足，减少日后施追肥的数量和次数。

（三）虾苗放养

在藕田中饲养小龙虾，放养方式类似于稻田养虾，但因藕

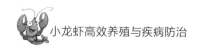

田中常年有水，因此放养量要比稻田养虾略大一些。放养亲虾：将小龙虾的亲虾直接放养在藕田内，让其自行繁殖，每亩放养规格为20～40尾/千克的小龙虾10～15千克，放养时间为每年的9月中下旬。放养虾苗：在放养前要用浓度为3%左右的食盐消毒3～5分钟，具体时间应根据当时的天气、气温及虾苗本身的耐受程度灵活确定。采用干法运输的虾种离水时间较长，要将虾种在田水内浸泡1分钟，提起搁置2～3分钟，反复几次，让虾种体表和鳃腔吸足水分后再放养。

（四）饲料投喂

藕田饲养小龙虾适当投饲，投饲量以藕田中天然饵料的多少与小龙虾的放养密度而定。投喂饲料要采取定点投喂，即在水位较浅，靠近虾沟、虾坑的区域，拔掉一部分藕叶，使其形成明水投饲区。在投喂饲料的整个季节，遵守"开头少，中间多，后期少"的原则。

成虾养殖可直接投喂绞碎的米糠、豆饼、麸皮、杂鱼、螺蚌肉、蚕蛹、蚯蚓、屠宰场下脚料或配合饲料等，保持饲料蛋白质含量在25%左右。6—9月水温适宜，是小龙虾生长旺期，一般每天投喂2～3次，时间为9：00—10：00和日落前后或夜间，日投饲量为虾体重的5%～8%。其余季节每天投喂1次，于日落前后进行，或根据摄食情况于次日上午补喂1次，日投饲量为虾体重的1%～3%。饲料应投在池塘四周浅水处，小龙虾集中的地方可适当多投，以利其摄食和饲养者检查吃食情况。饲料投喂需注意：天气晴好时多投，高温闷热、连续阴雨天或水质过浓则少投；大批虾蜕壳时少投，蜕壳后多投。

（五）日常管理

利用藕田饲养小龙虾的成功与否，取决于饲养管理。灌水藕田饲养小龙虾，在初期宜灌浅水，水深10厘米左右即可。随着藕和虾的生长，田水要逐渐加深到15～20厘米，以促进藕的开花生长。在藕田灌深水及藕的生长旺季，由于藕田补施追肥及水面被藕叶覆盖，水体常呈灰白色或深褐色。这时水体极易缺氧，在后半夜尤为严重。在饲养过程中，要采取定期加水和排出部分老水的方法，调控水质，保持田水溶氧量在4毫克/升以上，pH值为7.0～8.5，透明度35厘米左右。每15～20天换1次水，每次换水量为池塘原水量的1/3左右。每20天泼洒1次生石灰水，每亩每次用生石灰10千克。藕田施肥主要应协调好藕和虾的矛盾，在虾健康生长的前提下，允许一定浓度的施肥。养虾藕田的施肥，应以基肥为主，约占总施肥量的70%，同时适当搭配化肥。施追肥时要注意气温低时多施，气温高时少施。为防止施肥对小龙虾生长造成影响，可采取半面先施，半面后施的方法交替进行。

（六）捕获

藕田饲养小龙虾，可以分批进行捕获，也可以一次性进行捕获。分期捕获可采用虾笼、地笼等工具进行；一次性捕获，在捕获之前将小龙虾喜食的动物性饲料集中投喂在虾坑、虾沟中诱捕。捕获时间要求在5月底结束，将小龙虾全部捕获出来，然后清塘养藕。

五、茭白田养殖小龙虾

茭白，也称高笋，很多农民把茭白作为主要的经济植物种植。茭白田养殖小龙虾主要是利用茭白与小龙虾共生的原理，达

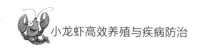

到互相利用、互相促进的目的，从而实现更好的经济效益。

（一）茭白田的工程建设

选择水源充足、无污染，排灌方便，保水性能好，面积在1亩以上的田块或池塘。沿埂内四周开挖宽2~3米、深0.5~0.8米的环沟，池塘较大的，中间还需适当开挖"十"字形或"井"字形中间沟，中间沟宽0.5~1.0米、深0.5米，并与环沟相通，开挖的面积占池塘总面积的1/5。挖出的泥土用来加高、加宽池埂。在池塘进、排水口用密眼聚乙烯网布设置双层网栅。池埂四周用防逃隔板搭建防逃设施，每隔2~3米用竹桩支撑，隔板底端埋入土中20厘米。

（二）种养前准备

1. 消毒施肥

在茭苗移栽前10天，对池沟进行消毒处理。每亩施用生石灰60千克，化浆均匀泼洒，用以杀灭致病菌和敌害生物。在茭苗移栽前3天，每亩施腐熟的有机肥1 500千克、钙镁磷肥20千克、复合肥30千克，翻耕至土层内，旋耕平整，注水后即可移栽茭苗。

2. 移草投螺

在池沟中栽种伊乐藻、轮叶黑藻等沉水植物，在池塘浅水区移养水花生、水葫芦等水生植物，为小龙虾提供隐蔽、栖息和取食的场所。清明节后，每亩投放螺蛳50千克，让其自然繁殖，供小龙虾摄食。

（三）茭苗移栽与虾苗放养

1. 茭苗移栽

在3月下旬至4月中旬将茭墩挖起，用利刃顺分蘖处劈开成数小墩，每墩带匍匐茎和健壮分蘖芽4～6个，剪去叶片，保留叶鞘长16～26厘米，减少蒸发，以利提早成活。茭苗以行距1米、株距0.8米、穴距50～65厘米、每亩1 000～1 200株为宜。

2. 虾苗放养

在茭苗移栽成活后，且池沟内长有丰富的适口饵料生物时，立即投放小龙虾苗种。虾苗应选择体质健壮、健康活泼、附肢齐全、规格3厘米左右的幼虾，每亩放养1.0万～1.5万尾，一次放足。为充分利用水体空间，可适当放养鲢、鳙鱼种（4∶1），放养规格为10尾/千克，每亩放养数量为120尾。

（四）科学管理

1. 水质管理

以"浅深浅"（浅水栽植、深水活棵、浅水分蘖）为原则。萌芽前灌水30厘米，栽后保持水深50～80厘米，分蘖前仍宜浅水80厘米，促进分蘖和发根。至分蘖后期，水加深至100～120厘米，控制无效分蘖。7—8月高温期宜保持水深130～150厘米。

2. 科学投喂

根据季节辅喂精料，如菜饼、豆渣、麸皮、米糠、蚯蚓、蝇蛆、鱼用颗粒料和其他水生动物等。可投喂自制混合饲料或购买小龙虾专用饲料，也可投喂一些动物性饲料，如螺蚌肉、鱼肉、蚯蚓或捞取的枝角类、桡足类以及动物屠宰厂的下脚料等，沿池周浅水区定点多点投喂。投喂量一般为小龙虾体重的5%～10%，采取"四定"投喂法，傍晚投料要占全日量的70%，每天投喂2次饲料，8∶00—9∶00投喂1次，18∶00—19∶00投喂1次。

3. 科学施肥

基肥常用人畜粪、绿肥。追肥多用化肥，宜少量多次，可选用尿素、复合肥、钾肥等，禁用碳酸氢铵。有机肥应占总肥量的70%。

4. 茭白用药

应对症选用高效、低毒、低残留、对混养的小龙虾没有影响的农药。施药后及时换注新水，严禁在中午高温时喷药。

（五）采收

茭白按采收季节可分为一熟茭和两熟茭。采收茭白后，应该把墩内的烂泥培到植株茎部，一般每亩产茭白750～1 000千克。小龙虾收获可以用地笼、虾笼进行捕捞收获，一般每亩产小龙虾200千克。

六、水芹田养殖小龙虾

水芹田养殖小龙虾是利用水芹田在8月之前空闲季节养殖小龙虾，从8月至翌年2月种植水芹，翌年2—8月养殖小龙虾，种养结合的生产模式。

（一）水芹田改造工程

养殖小龙虾的水芹田四周开挖环沟和中央沟，沟宽1～2米，沟深50～60厘米，开挖的泥土用以加固池（田）埂，池埂高1.5米，压实夯牢，不渗不漏。水芹田养殖小龙虾需水源充足，溶氧量5毫克/升以上，pH值7.0～8.5，排灌方便，进、排水分开，进、排水口用聚乙烯双层密眼网扎牢封好，以防养殖虾逃逸和敌害生物侵入。同时配备水泵、增氧机等机械设备，每5亩水面配备1.5千瓦的增氧机1台。

1. 整地与施肥

排干田水，每亩施入腐熟有机肥1 500～2 000千克，耕翻土壤，耕深10～15厘米，旋耕碎土，精耙细平，使田面光、平、湿润。

2. 催芽与排种

一是催芽时间。一般确定在排种前15天进行，通常8月上旬进行，当日均气温在27～28℃时开始。二是种株准备。从留种田中将母茎连根拔起，理齐茎部，除去杂物，用稻草捆成直径为12～15厘米的小束，剪除无芽或只有细小芽的顶梢。三是堆放。将捆好的母茎交叉堆放于接近水源的阴凉处，堆底先垫一层稻草或用硬质材料架空，通常垫高10厘米，堆高和直径不超过2米，堆顶盖稻草。四是湿度管理。每天早晚洒浇凉水1次，降温保湿，保持堆内温度20～25℃，促进母茎各节叶腋中休眠芽萌发。每隔5～7天于上午凉爽时翻堆1次，冲洗去烂叶残屑，并使受温均匀。种株80%以上腋芽萌发长度为1～2厘米时，即可排种。

排种时间一般在8月中下旬，选择阴天或晴天16：00后进行。将母茎基部朝外，梢头朝内，沿大田四周做环形排放，整齐排放1～2圈后，进入田间排种，茎间距5～6厘米。将母茎基部和梢部相间排放，并用少量淤泥压住，在后退时抹平脚印和洞穴。

3. 水位及水肥管理

水位管理分3个阶段。一是萌芽生长阶段。排种后日均气温仍在24～25℃，最高气温达30℃以上，田间保持湿润而无水层。如遇暴雨，及时抢排积水。排种后15～20天，当大多数母茎腋芽萌生的新苗已生出新根和长出新叶时，排水搁田1~2天，使土壤稍干或出现细丝裂纹，搁田后复水，灌浅水3~4厘米。二是旺盛生长阶段。随植株生长逐步加深水层，使田间水位保持在植株上部3厘米处，有3张叶片露出水面，以利正常生长。三是生长停滞阶段。当冬季气温降至0℃以下时，临时灌入深水，水灌至植株全部没顶为宜。气温回升后，立即排水，仍保持部分叶片露出水面，同时适时追施肥料。搁田复水后施苗肥，一般每亩施放25%复合肥10千克或腐熟粪肥1 000千克。以后看苗追肥1~2次，每亩每次用尿素3~5千克。

4. 定苗除草

当植株高5~6厘米时，进行匀苗和定苗。定苗密度为株间距4~5厘米，同时进行除草。

5. 病虫害防治

水芹的病虫害主要有斑枯病以及蚜虫、飞虱、斜纹夜蛾等。采用搁田、匀苗、氮磷钾配合施肥等，能有效地预防斑枯病。采用灌水漫虫法除蚜，即灌深水到全面植株没顶，用竹竿将漂浮水面的蚜虫及杂草向出水口围赶清除田外。整个灌、排水过程在3~4小时内完成。同时，根据查测病虫害发生情况选用药物，采用喷雾方法进行防治。

6. 采收水芹

栽植后80~90天即可陆续采收，直至翌年1—2月。采收时将植株连根拔起，污泥用清水冲洗干净，剔除黄叶和须根，并切除根部，理齐捆扎。产品长度控制在60~70厘米，每扎重量0.5千克或1.0千克，鲜菜装运上市。收割时沿田边四周的水芹留下30~50厘米，作为小龙虾养殖时的栖息隐蔽场所。

（二）小龙虾放养前准备

1. 清池消毒

每亩水芹田，水深10厘米，用15～20千克茶粕清田消毒。

2. 水草种植

水草品种可选择伊乐藻、轮叶黑藻和马来眼子菜等沉水植物，也可用水花生或蕹菜（空心菜）等水生植物，水草种植面积占水芹田总面积的30%。

3. 施肥培水

虾苗放养前7天，每亩施放腐熟有机肥如鸡粪150千克，以培育浮游生物。

（三）虾苗放养

在4—5月每亩放养规格为250～600尾/千克的幼虾1.5万～2.0万尾。选择晴好天气放养，放养前先取水芹田水试养虾苗，虾苗放养时温差应小于2℃。

（四）饲养管理

1. 饲料投喂

饲料可使用绞碎的米糠、豆饼、麸皮、杂鱼、螺蚌肉、蚕蛹、蚯蚓、屠宰场下脚料或配合饲料等。根据不同生长阶段投喂不同产品，保证饲料营养与适口性，坚持"四定"（定时、定点、定质、定量）"四看"（看水质、看天气、看季节、看水产动物活动情况）。投饵原则。日投饲量为虾体重的3%～5%，分两次投喂，5：00以前投饲量占30%，17：00以后投饲量占70%。

2. 水质调控

养殖前期（4—5月）要保持水体有一定的肥度，透明度控制在25～30厘米。中、后期（6—8月）应加换新水，防止水质老化，保持水中溶解氧充足，透明度应控制在30～40厘米，溶氧量保持在4毫克/升以上，pH值7.0～8.5。

3. 注换新水

养殖前期不换水，每7～10天注入新水1次，每次10～20厘米。中、后期每15～20天注换水1次，每次换水量为15～20厘米。

4. 生石灰泼洒

小龙虾养殖期间，每15～20天使用1次生石灰，每亩每次用量为10千克，对水溶化随即全池均匀泼洒。

5. 日常管理

每天早晚各巡塘1次，观察水色变化、小龙虾活动和摄食情况，检查池埂有无渗漏，防逃设施是否完好。生长期间一般每天凌晨和中午各开增氧机1次，每次1～2小时。雨天或气压低时，延长开机时间。

6. 病害防治

坚持以防为主、综合防治的原则，如发现养殖虾患病，应选准药物，对症下药，及时治疗。

（五）捕捞收获

7月底至8月初在环沟、中央沟设置地笼捕捞，也可在出水口设置网袋，通过排水捕捞，最后排干田水进行捕捉。捕捞的小龙虾分规格及时上市或做虾种出售。

七、虾、鳖、鱼、稻综合种养

虾、鳖、鱼、稻综合种养技术是在鳖稻共作基础上发展起来的，所不同的是，在这种模式中的鳖是主养对象，而小龙虾、鲢鳙是配养对象。鳖是肉食性，习惯于水底生活；小龙虾是杂食性，白天多隐藏在水中较深处或隐蔽物中，很少出来活动，傍晚太阳下山后开始活跃起来，多聚集在浅水边爬行觅食；主要配养鱼是鲢鳙，它们生活在水体的上层，通常用鳃耙滤食水中的浮游动物和浮游植物。虾鳖鱼混养就是利用它们在食物上和空间上的互补性和互利性，使有限的水体资源发挥最大的生产潜力。

（一）虾、鳖、鱼、稻综合种养有益作用

稻田养鳖对小龙虾和鱼类都有很好的互相促进生长的作用，主要表现在以下几方面。

1. 对水体有增氧作用

鳖用肺呼吸，必须经常浮到水面上伸出头部进行呼吸。它从水底到水面的往返运动，增强了上下水层的垂直循环，使表层的过饱和溶氧扩散到底层，弥补了水中溶氧量的不足。同时，底层的废气也由于鳖在底层爬行或上下运动而被带到水面逸出，减少了有毒气体的危害。

2. 净化水质

鳖在水底层活动，能加速池底淤泥中有机物的分解，使水质变肥，既起到降低有机物耗氧和缓解水质变化的作用，又有利于小龙虾和鱼类的生长。

3. 提高饲料利用率

在鳖饲养过程中，一些有机废弃物，如残余饲料、粪便沉

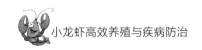

入池底，会污染水质。在混养条件下小龙虾和鲢鳙不仅可直接摄食这些残饵和粪便，而且这些有机废弃物还能肥沃水质，使浮游生物和底栖动物大量繁殖，也间接为鳖、小龙虾和鱼提供鲜活饵料。

4. 减少疾病发生

虾、鳖、鱼混养后，一些得病的鱼、虾和死亡的鱼、虾成了鳖的喜好饵料。这样，也就阻止了病原体的扩散和传播，切断了虾病、鱼病的根源。所以，养鳖稻田的小龙虾个大、膘肥、产量高，市场价格好。

（二）稻田改造

综合种养稻田的环境条件与虾稻共作的基本相同，但仍需要进一步改进。

1. 建立鳖虾防逃设施

防逃设施可使用网片、石棉瓦和硬质钙塑板等材料建造，其设置方法是将石棉瓦或硬质钙塑板埋入田埂泥土中20～30厘米，露出地面高50～60厘米，然后每隔80～100厘米处用一木桩固定。稻田四角转弯处的防逃墙要做成弧形，以防止鳖沿夹角攀爬外逃。在防逃墙外侧约50厘米处用高1.2～1.5米的密眼网布围住稻田四周，主要作用是防盗，能较好地防止远距离钩钓，还可以起到第二次防止鳖外逃的作用。

2. 完善进、排水系统

稻田应建有完善的进、排水系统，以保证稻田旱湿雨不涝。进、排水系统建设要结合开挖环沟综合考虑，进水口和排水口必须成对角设置。进水口建在田埂上；排水口建在沟渠最低处，由PVC弯管控制水位，要求能排干所有的水。与此同时，进、排水口要用铁丝网或栅栏固住，以防养殖动物逃逸，也可在进、排水管上套上防逃筒。防逃筒用钢管焊成，以最小的鳖不能自由穿过为标准在钢管上钻若干个排水孔，使用时套在排水口或进水口管道上即可。

3. 搭建晒背台和饵料台

晒背是鳖生长过程中的一种特殊生理要求，既可提高鳖体温促进生长，又可利用太阳紫外线杀灭体表病原，提高鳖的抗病力和成活率。晒背台和饵料台可以合二为一，具体做法是：在田间沟中每隔10米左右设一个饵料台，台宽0.5米、长2米，饵料台长边一端在埂上，另一端倾斜入水中10厘米左右，饵料投放在饵料台进水端，不可浸入水中。

4. 田间环沟消毒

按照虾、鳖、鱼、稻共生养殖要求开挖环形沟、"十"字形沟或"井"字形沟，面积占稻田总面积的8%～12%。单个田块面积小时需挖沟的相对面积就大。在苗种投放前10～15天，每亩沟面积用生石灰100千克带水消毒，以杀灭沟内敌害生物和致病菌，预防虾、鳖、鱼的疾病发生。

5. 移入水生动植物

田间沟消毒3～5天后，在沟内移栽轮叶黑藻、伊乐藻、蕹菜、水花生等，种植面积占环形沟面积的25%左右，即可为小龙虾提供食物，还可为虾、鳖、鱼提供嬉戏、遮阴和躲避的场所。在虾种投放前后，田间沟内需投放一些有益生物如螺、蚬和水蚯蚓等。投放时间一般在4月。每亩田间沟可投放湖螺、蚬150～200千克，既可净化水质，又能为小龙虾和鳖、鱼提供丰富的天然饵料。

（三）虾、鳖、鱼、稻综合种养，水稻的栽培和管理

1. 选择水稻品种

养鳖稻田选择种一季稻或两季稻均可。水稻选择茎秆坚硬、抗倒伏、抗病虫害、耐肥性强、米质优、可深灌、株型适中的高产优质紧穗型品种，尽可能减少在水稻生长期对稻田施肥和喷洒农药的次数，确保虾、鳖、鱼在适宜的环境中健康生长。

2. 整理田块

在对稻田进行犁耙翻动土壤、清除杂草、固埂护坡时，田间还存有大量的虾、鱼和鳖，使用农具容易对它们造成伤害。为保证养殖动物不受影响，建议一是采用稻免耕抛秧技术，所谓"免耕"，是指水稻移植前稻田不经任何翻耕犁耙，直接播撒秧苗。二是采用围埂蓄水方法，即在靠近环形沟的田面围上四周高20厘米、宽30厘米的土埂，将环形沟和田面分隔开，以利于田面整理和蓄水。整田时间要短，避免环形沟中的虾、鱼和鳖由于长时间密度过大、食物匮乏而造成病害和死亡。

3. 基肥与追肥

稻田施肥的要求是重施基肥，轻施追肥，重施有机肥，轻施化学肥。对于养虾一年以上的稻田，由于稻田中腐烂的稻草和小龙虾的粪便为水稻提供了足量的有机肥源。一般不需要施肥或少施肥。而对于第一年养小龙虾的稻田，可以在插秧前的10~15天，每亩施用农家肥200~300千克，尿素或复合肥10~15千克均匀撒在田面并用农机具翻耕均匀。

为促进水稻健康生长，保持中期不脱肥，晚期不早衰，田块易控制，在发现水稻脱肥时，要及时施用既能促进水稻生长降低水稻病虫害，又不会对小龙虾和鳖产生有害影响的生物料。其施肥方法是：先排浅田水，让虾、鳖、鱼集中到环形沟中再施肥，这样有助于肥料迅速沉淀于底泥中并被田泥和禾苗吸收，随即加深田水至正常深度；也可采取少量多次、分片肥或根外施肥的方法进行追肥；严禁使用对鳖、虾、鱼有害的化肥，如氨水和碳酸氢铵等。

4.秧苗移栽

秧苗一般在6月中旬开始移植，采取浅水栽插，宽窄行距交替的方法。无论是采用抛秧法还是常规插法都要发挥好宽行稀植和边坡优势，宽行行距30～40厘米，窄行行距15～20厘米，株距18～20厘米，以确保幼鳖、虾、鱼生活环境通风透气和采光性能好。

（四）虾、鳖、鱼投放

1.幼鳖投放

鳖的品种宜选择纯正的中华鳖，该品种生长快，抗病力强，品味佳，经济价值较高。幼鳖要求规格整齐健康无伤，不带病原。放养时需经消毒处理。幼鳖投放时间应根据鳖的来源而定。土池培育的幼鳖应在5月中下旬的晴天进行，温室培育的幼鳖应在秧苗栽插后的6月中下旬投放，这时稻田的水温可以稳定在25℃左右，对鳖的生长十分有利。

投放鳖种分为2种模式：一是大规格放养模式，幼鳖规格为250～500克/只，放养密度在120～150只/亩。二是小规格放养密度，幼鳖规格为100～150克/只，放养密度在250～300只/亩。

幼鳖长到3龄后，处于性成熟期，必须雌、雄分开养殖，这样可避免幼鳖之间的撕咬打斗，自相残杀，以提高幼鳖的成活率。由于雄鳖比雌鳖生长速度快且售价高，有条件的地方建议投

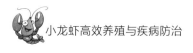

放全雄幼鳖。

2. 虾种投放

小龙虾虾种可以分两次进行投放。第一次是在稻田工程完工后投放虾苗，放养时间一般在3—4月，可投放从市场上直接收购或人工野外捕捉的幼虾，体长为3～5厘米（200～400只/千克），投放密度为50～60千克/亩。虾苗一方面可以作为鳖的鲜活饵料，另一方面，在饵料充足的情况下，经过40～50天的饲养，虾种可以养成规格为25～40只/千克的商品虾进入市场销售，收入十分可观。第二次放种时间在8—10月，以投放抱卵虾为主，投放量为15～25千克/亩。抱卵虾经过3个月左右的饲养，虾苗即可自由生活，或进入冬眠期，翌年3—4月，稻田水温升高至16～20℃，轮虫、枝角类和桡足类浮游动物、底栖动物得到迅速繁殖，虾种从越冬洞穴出来觅食，稻田的虾种得到补充。这种投放方式最为简单易行、经济实惠。

3. 鱼种投放

每年6月左右秧苗成活返青后，在田间沟内放养体长为3～5厘米白鲢夏花80～100尾/亩，发挥滤食性鱼类清道夫的作用，以调节水质。还可以投放鲫鱼夏花30尾/亩，以充分利用稻田水体空间和饵料资源。

（五）虾、鳖、鱼、稻综合种养，饲养管理

1. 饲料投喂

鳖为偏肉食性的杂食性动物，为了提高鳖的品质，所投放的饵料应以低价的鲜活鱼或肉类加工厂、屠宰场下脚料为主。温室幼鳖要进行10～15天的饵料驯食，驯食完成后即可减少配合饲料投喂量，逐渐增加鲜活饵料的数量。幼鳖入池7天后即可开始投喂，日投喂量为鳖体总重量的5%～10%，每天投喂1～2次，一般以90分钟内吃完为宜。鳖的体重可以根据放养的时间、成活率和抽样获得的生长数据推测整个田块的总重量。具体的投饵量视水温、天气、活饵等情况而定。小龙虾和鱼类以稻田里的浮游动植物和鳖、虾的残剩饵料为食，不必专门投饵。

2. 防治水稻虫害

对水稻为害最严重的敌害是褐稻虱，其幼虫会大量蚕食水稻禾叶。每年9月20日之后，是褐稻虱生长的高峰期，这时只要将水稻田的水位提高10厘米，鳖、虾就会把褐稻虱幼虫作为饵料消灭掉，达到生物除虫、变害为宝、节能环保的目的。值得借鉴的是，在稻田环形沟中间，每间隔100米处，安装频振杀虫灯，对趋光性害虫进行诱杀，可以为虾、鳖、鱼提供营养丰富的天然饵料。有条件的地方，可以选择在稻田中央竖立高度10米以上的水泥杆，安装较大功率的黑光灯，把较远距离的昆虫先引诱到田头，然后近水处的诱虫灯会使昆虫掉进水中。这种方法诱捕效率会大大提高，据推测，仅此一项，可节省饲料20%以上。

3. 水位调控

越冬期满即进入3月后，应适当降低水位，沟内水位控制在30厘米左右，以利光照升温。当进入4月中旬以后，水温稳定在20℃以上时，应将水位逐渐提高至50～60厘米，使沟内的水温始终稳定在20～30℃，这样有利于鳖、小龙虾和鱼类生长，还可以避免小龙虾提前硬壳老化。进入5月，为了方便耕作及插秧，可将田面露出水面进行耕作，插秧时可将水位提高10厘米左右；苗种投放后根据水稻生长和养殖品种的生长需求，可逐步增减水位。6—8月根据水稻不同生长期对水位的要求，控制好稻田水

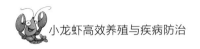

位，原则上要求适当提高水位。鳖、小龙虾越冬前的10—12月，稻田水位应控制在30厘米左右，这样可使稻蔸露出水面10厘米左右，既可使部分稻蔸再生，又可避免因稻蔸全部淹没水下，导致稻田水质过肥缺氧，而影响鳖、小龙虾的生长。12月至翌年2月鳖、小龙虾在越冬期间，可适当提高稻田水位，控制在40~50厘米。

4. 科学晒田

晒田总体要求是轻晒或短期晒，即晒田时，使田块中间不陷脚，田边表土不裂缝和发白，以见水稻浮根泛白为适度。田晒好后，应及时恢复原水位，尽可能不要晒得太久，以免导致环沟水生动物因长时间密度过大而产生不利影响。

5. 田块巡查和水质调节

经常检查养殖水产动物的摄食情况、查防逃设施、查水质等，做好稻田生态种养试验田与对照田的各种生产记录。根据水稻不同生长期对水位的要求，控制好稻田水位，并做好田间沟的水质调节。适时加注新水和追施有机肥，每次注水前后水的温差不能超过4℃，以免鳖、虾、鱼感冒致病、死亡。高温季节，经常使用生石灰改善酸碱度，泼洒光合细菌、乳酸菌、EM菌等微生物制品，保持微生物多样性，能够消除水域中的亚硝酸盐、氨氮、硫化氢等有害物质。在不影响水稻生长的情况下，可适当加深稻田水位，可以起到保温和促进鳖生长的作用。

第六章　小龙虾病害及防治

随着小龙虾养殖规模的不断壮大，在养殖过程中也出现了很多问题，高密度养殖过程中最主要的问题就是疾病。小龙虾养殖过程中，引起疾病发生的病因有生物因子和非生物因子两种。非生物因子包括缺氧、水温过高或过低、水体pH值过高或过低、农药及其他有害物质对水体的污染等。生物因子包括病毒、细菌、真菌等有害病原体及操作不当引起的应激性反应。小龙虾的适应力和抗病力都比较强，因此在养殖过程中发生大规模疾病暴发的可能性并不高。虾病的发生多是病原体、环境和人为因素共同作用的结果。因此小龙虾疾病防治的关键是要做到"无病预防、有病早治、以防为主、防治结合"。在养殖过程中要从提高小龙虾体质、改善和优化养殖环境、消杀切断病原体传播途径入手，推广健康生态养殖模式和开展综合防治，提高经济效益。

第一节　小龙虾病害综合防治

在小龙虾病害暴发后再进行治疗的效果不明显，费用是昂贵的。在这种情况下，只有推行小龙虾生态养殖模式，从苗种开始就实行科学化管理，才能从根本上将小龙虾从病害中解救出来，

将渔民的损失降到最低。小龙虾生态养殖应该做到以下几点。

一、小龙虾养殖池处理

养殖场地选取以黏土为佳的土质，附近无污染源，要求养殖地点地势平缓。池塘坡比以1∶3为宜，水深不低于30厘米，也不高于100厘米。水质要求未被污染，维持pH值在7.0～7.5，水体总碱度不低于50毫克/升。池塘内要建好池埂，方便换水。池塘在投放虾苗或亲虾前必须彻底消毒，用100毫克/升的高效漂白粉全池泼洒，7天后排干，再用茶籽饼泼洒，用量15～20毫克/升，7天后用生石灰改良底质。

二、亲虾及虾苗选择

亲虾选择标准是体格健壮、附肢完整、反应灵敏、没有发生过病毒性疾病。放养虾苗时应避免烈日中午暴晒，应选择晴天的早晨或者阴雨天进行，放养前，可以用3%～5%的食盐水浸泡5～10分钟，进行虾体消毒，离水时间太久的虾苗可以在放养前在水中反复短时浸泡几次，等虾吸饱水后再放入池中。

三、加强水质管理

定期加注新水，调节水质。每隔2～3周进行1次换水，每次换水量控制在10～20厘米。有条件的可定期用生石灰进行消毒或定期泼洒光合细菌，消除水体中的氨氮、亚硝酸盐、硫化氢等有害物质，保持池水的酸碱度平衡和溶解氧水平，使水体中的物质始终处于良性循环状态，解决池水老化问题。一般每2～3周泼洒1次底质改良剂或微生物制剂，如枯草杆菌、双歧杆菌、EM菌等。

四、水生动物及植物

在养殖池塘内移植伊乐藻等水生植物，使其占虾池面积的50%~60%，同时在清明节前放入适量螺蛳，起到净化水质的作用。

五、饲料投喂

小龙虾以投喂冰鲜杂鱼或配合饲料为主。苗种放养后每天就要投喂饲料；苗种繁育池要在3月初就开始投喂饲料，提高虾的体质，增强免疫力。严禁投喂未完全煮熟的动物性食料，防止因摄食而感染致病菌。

六、生产用具消毒

养殖生产中使用的渔具，须在阳光下暴晒进行消毒。木桶、塑料桶类容器，可采用石灰水浸泡处理，以达到预防效果。

第二节 小龙虾疾病诊断方法

常见的发病部位表现在体表、附肢和头胸甲内，目检可以看到病状和寄生虫情况，为了准确诊断，还需要进一步深入现场观察检测。

一、现场调查

对患病的小龙虾养殖水体，进行水质理化指标检测，包括

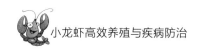

溶解氧、氨氮、硫化氢、pH值等。对养殖环境、虾苗来源、水源、发病过程、死亡率、用药情况等都要进行现场调查、记录与分析，归纳分析可能的致病原因。

二、体表检查

对患病虾，进行目检。如果体质明显瘦弱，体色变黑，行动缓慢，有时群集一团，有时不安乱窜，这可能是由寄生虫的侵袭或水体中含有有害物质引起的症状。及时从虾池中捞出濒死或刚死不久的小龙虾，从头胸甲、腹部、尾部、鳌足、步足、腹肢等部位按顺序仔细检查。大型病原体可以肉眼直接观察到，如是小型病原体，则需要借助显微镜进行镜检。

三、实验室检查

对于肉眼或显微镜无法诊断的病虾样本，可冰上保存，送至专业性实验室进行诊断，借助现代生物学研究设备与诊断技术进行准确诊断。

第三节　小龙虾致病因子

一、生物因子

（一）病毒

小龙虾体内存在着多种病毒，部分病毒可以导致小龙虾大批死亡。病毒的危害是它具有致病性，如寄生于小龙虾肠道的核内杆状病毒就具有高致病性。在恶劣的养殖环境下，即使毒力比较低的病原生物也可能引起小龙虾的疾病发生，或者对其正常的生长带来障碍。

目前已有野生和养殖环境条件下小龙虾暴发流行大规模病毒病的报道。近几年，我国湖北、浙江等地相继出现小龙虾的大量死亡，经诊断证实引起这些小龙虾死亡的病原体为对虾白斑综合征病毒。有人试验将病毒感染的对虾组织饲喂给小龙虾，发现经投喂可以将对虾白斑综合征病毒病传染给小龙虾，并导致小龙虾患病毒病死亡，死亡率可高达90%以上。

（二）细菌

细菌性疾病通常被认为是小龙虾的次要的或者是与养殖环境恶化有关的一类疾病，因为大多数细菌只有在池水养殖环境恶化的条件下，才能增强其致病性，从而导致小龙虾各种细菌性疾病的发生。细菌性疾病主要有菌血症、细菌性肠道病、细菌性甲壳溃疡病、烂鳃病等。

（三）立克次氏体

已经报道的在小龙虾体内发现的类立克次氏体有两种类型，一种是在小龙虾体内全身分布的，最近被命名为小龙虾立克次氏体，这已经被证明与澳洲红螯虾的大量死亡相关；另一种寄生在小龙虾肝胰腺上皮，目前只在一只澳洲红螯虾标本中观察到，是否会导致小龙虾患病或者大量死亡，尚不明确。

（四）真菌

真菌是小龙虾经常报道的最重要的病原微生物之一。小龙虾瘟疫就是由这类病原微生物所引起的，某些种类的真菌还能够引起小龙虾发生另外一些疾病。真菌引起发病也与养殖环境水质恶化有关，可以通过采用改善养殖水体水质的措施，达到有效控制真菌病蔓延的目的。真菌所引起的疾病主要有小龙虾瘟疫和甲壳溃疡病（褐斑病）。

（五）寄生虫

寄生虫分为原生动物和后生动物两种。从小龙虾体内发现的原生动物病原主要包括微孢子虫病原、胶孢子虫病原、四膜虫病原和离口虫病原，它们通过寄生或外部感染的方式使小龙虾得病。寄生在小龙虾体内的这些原生动物能否使其得病取决于小龙虾所处的环境，可以通过改善环境的措施（如换水或者减少养殖水体中有机物负荷）来达到有效控制原生动物病的目的。寄生在小龙虾体内的后生动物包括复殖类（吸虫）、绦虫类（绦虫）、线虫类（蛔虫）和棘头虫类（新棘虫）等蠕虫。大多数寄生的后生动物对小龙虾健康的影响并不大，但大量寄生时可能导致小龙虾器官功能紊乱。

二、非生物因子

（一）养殖环境恶化

1. 水质恶化

养殖水体中的各种藻类，因光照不足，泥土、污物等流入，引起藻类生长不旺盛，水体自净能力下降，部分藻类因长时间光照不足及泥土的絮凝作用而下沉死亡，并在微生物作用下进行厌氧分解，产生氮、亚硝酸盐、硫化氢等有害物质，使水体中这些有害物质浓度上升，超过一定浓度，进而使养殖的小龙虾发生慢性或急性中毒，引起正在蜕壳或刚完成蜕壳的小龙虾死亡。

如未能恰当地进行水质调节，将导致水质恶化；平时没有进行正常的疾病预防，病后乱用药物；发病后未能做到准确诊断和必要的隔离；死虾未及时处理，未感染的健康虾由于摄食病虾尸体也会被传染，这些都能导致疾病的发生或发展。

2. 重金属污染

小龙虾对环境中的重金属具有天然的富集功能。这些重金属通常从肝脏、胰脏和鳃部进入体内，并且相当大量的重金属尤其是铁存在于小龙虾的肝脏、胰脏中。在上皮组织内含物中也存在大量的铁，甚至可能严重影响肝脏、胰脏的正常功能。养殖水体中的含铁盐是小龙虾体内铁的主要来源，肝脏、胰脏内铁的大量富集可能对小龙虾的健康造成影响。尽管小龙虾对重金属具有一定的耐受性，但是一旦养殖水体中的重金属含量超过了它的耐受限度，也会导致小龙虾中毒身亡。工业污水中的汞、铜、锌、铅等重金属元素含量超标是引起小龙虾重金属中毒的主要原因。

3. 化肥、农药污染

稻田养虾一次性使用化肥（碳酸氢铵、氯化钾等）过量时，能引起小龙虾中毒。中毒症状为小龙虾起初不安，随后狂烈倒游或在水面上蹦跳，活动无力时随即静卧池底而死。养虾稻田用药或用药稻田的水源进入虾池，药物浓度达到定量时，会导致虾急性中毒。症状为虾竭力上爬，吐泡沫或上岸静卧，或静卧在水生植物上，或在水中翻动立即死亡。

（二）其他因素

大多数发病水体存在着未及时进行捕捞，留存虾密度很高，水草少，淤泥多等情况。此外，养殖水体中的低溶氧或溶氧量过饱和可导致小龙虾缺氧（严重时窒息死亡）。概括起来主要

有以下几点。

1. 清塘消毒不当

放养前，虾池清整不彻底，腐殖质过多，使水质恶化；放养时，虾种体表没有进行严格消毒；放养后没有及时对虾体和水体进行消毒，这些都给病原体的繁殖感染创造了条件。引种时未进行消毒，可能把病原体带入虾池，在环境条件适宜时，病原体迅速繁殖，部分体弱的虾就容易患病。刚建的新虾池，未用清水浸泡一段时间就放水养虾，可能使小龙虾对水体不适而患病。

2. 饲料投喂不当

小龙虾喜食新鲜饲料，如饵料不清洁或腐烂变质，或者盲目过量投饵，加之不定时排污，则会造成虾池残饵及粪便排泄物过多，引起水质恶化，给病原细菌创造繁衍条件，导致小龙虾发病。此外，饵料中某种营养物质缺乏也可导致营养性障碍，甚至引起小龙虾身体颜色变异，如小龙虾由于日粮中缺乏类胡萝卜素就可能出现机体苍白症状。

3. 放养规格不当

若苗种虾规格不整齐，加之池塘本身放养密度过大、投饲不足，则会造成大小虾相互斗殴而致伤，为病原菌进入虾体打开"缺口"。

4. 虾类敌害

（1）鱼害。几乎所有肉食性的鱼类都是小龙虾饲养过程中的敌害，包括乌鳢、鲈、青鱼、鲤等。如虾苗放养后发现有此类鱼活动，则可用2毫克/升的鱼藤精进行杀灭除去。

（2）鸟害。养虾场中危害最大的水鸟要数鸥类和鹭类。由于这些鸟类是保护动物，所以只能采取恫吓的方法驱赶。

（3）其他敌害。水蛇、蛙类、老鼠等动物都吃幼虾和成虾，故也要注意防范。

第四节 小龙虾主要疾病及防治

一、白斑综合征

白斑综合征病毒是迄今为止危害最为严重的一种小龙虾病毒。该病在长江下游地区的发病时间为4—7月，每年给小龙虾养殖业造成巨大经济损失。因此，小龙虾病毒性疾病的研究是近年来小龙虾病害防治的一个重点。在许多试验结果中都可以发现，在小龙虾体内存在多种病毒。在这些病毒中，白斑综合征病毒的传播已对全世界的小龙虾养殖产业产生严重的冲击，造成了巨大的经济损失。该病毒于1992年在我国台湾被发现，并逐步发展到亚洲、美国及欧洲，受侵染养殖品种从最初的各类对虾已到现在的小龙虾及蟹类等90种甲壳动物。近年来，我国大陆的小龙虾养殖产业一直受到白斑综合征病毒病的影响，例如2008年江苏的金湖、盱眙、楚州、南京等地相继发生小龙虾白斑综合征病毒病，死亡率可高达52%，受感染的病虾会出现摄食减少甚至不摄食、反应迟钝、步足无力、腹部发白、浮于水面等症状，我国农业农村部已将此病列为一类动物疫病。在实际生产中，没有能够有效治疗白斑综合征病毒的药物，因此，防远重于治。在实际生产中应大力推广生态养殖技术，提高虾的免疫力，使其少得病甚至不得病。生态养殖不仅仅能够防治白斑综合征，同样是预防其他细菌病及寄生虫病的最根本办法。

（一）病原与病症

由白斑综合征病毒感染引起，感染后小龙虾主要表现为活力低下，附肢无力，应激能力较弱，大多分布于池塘边，体色较暗，部分头胸甲等处有黄白色斑点。解剖可见胃肠道空，一些病虾有黑鳃症状，部分肌肉发红或呈白浊样。养殖池塘中一般大规格虾先死亡，在长江下游地区7月中旬停止。

（二）防治方法

（1）做好苗种的检疫和消毒，放养健康、优质的种苗。种苗是小龙虾养殖的物质基础，是发展其健康养殖的关键环节。选择健康、优质的种苗可以从源头上切断白斑综合征病毒的传播链。

（2）控制好适宜的放养密度。苗种放养密度过大容易导致虾体互相刺伤，大量的排泄物、残饵和虾壳、浮游生物的尸体等不能及时分解和转化，产生非离子氨、硫化氢等有毒物质，致使小龙虾体质下降，抵抗病害能力减弱。

（3）投足优质适口饲料，减少健康虾摄食病虾的概率，提高池塘虾的抗病力。适时投喂抗生素药饵，早期预防。

（4）改善栖息环境，加强水质管理，移植水生植物，定期清除池底过厚淤泥，勤换水。可以使用适量的微生物制剂如光合细菌EM菌等，调节池塘水生态环境。

（5）在养殖过程中应认真处理好死亡的病虾，在远离养殖塘处掩埋，杜绝病毒的进一步扩散。

二、黑鳃病

黑鳃病在虾和蟹的养殖中均有发生，目前对其致病菌并没有统一的说法，在可查询到的文献中发现，一般认为黑鳃病由真菌感染鳃丝引起，刘青曾指出这种真菌为镰刀菌，也有报道认为是霉菌。陈德寿则指出黑鳃病虾的鳃丝，在显微镜下可观察到大量的弧菌和丝状细菌。虽然对致病菌无法确认，但大部分学者都认为水质污染是导致黑鳃病的直接原因。因此，能引起水质恶化的因素，也会引起虾的黑鳃病，如池底污泥堆积，溶解氧不足，虾投放密度太高、排泄废物量大以及水体内有机物含量太高等。

（一）病因与病症

水质污染严重，虾鳃受真菌感染所致。此外饲料中缺乏维生素C也会引起黑鳃病。症状：虾鳃逐渐变成褐色或淡褐色，直至全部变黑，鳃萎缩。患病成虾常常浮出水面或依附水草露出水面，行动呆滞迟缓，不进洞穴，最后因呼吸困难而死亡。患病幼虾趋光性弱，活动无力，多数在池底缓慢爬行，腹部卷曲，体色变白，不摄食。

（二）预防方法

（1）投种前对池塘进行彻底消毒。

（2）利用增氧机增氧，确保养殖池内有充足的溶解氧。

（3）用漂白粉或用臭氧复合剂进行全池消毒，不定期施用（与消毒间隔3天）光合细菌及EM菌等微生物制剂，抑制致病菌的数量并降低氨氮及亚硝酸盐的量，在饲料中添加0.2%的维生素C连续投喂。这些手段可有力地控制黑鳃病的发生。

（三）治疗方法

（1）结合内服药进行治疗，将30克氟哌酸+5克三甲氧苄胺嘧啶+10%大蒜素50克+适量免疫多糖拌入20千克配合饲料进行投

喂，每天2~3次，连续投喂3~5天。

（2）全池泼洒消毒药物，如1.0~1.5毫克/升"万消灵"或者1.2~1.5毫克/升"乐百多"消毒灵溶液，泼洒药物的同时开启增氧机3~5小时。

三、烂鳃病

（一）病原与病症

烂鳃病的病原菌为丝状真菌，致病菌附着于小龙虾的鳃丝上大量繁殖，阻碍鳃丝的血液流通，妨碍虾的呼吸，严重时虾的鳃丝发黑霉烂，引起虾的死亡。

（二）防治方法

（1）经常换水，保持水质清新，可以使用增氧机或者增氧粉保持水体溶氧量不低于4毫克/升。

（2）漂白粉全池泼洒，使池水浓度达到每立方米水体2~3克，治疗效果较好。

（3）病虾用高锰酸钾药浴4小时，药浴水体浓度为每升水3~5毫克。病虾较多时，全池泼洒高锰酸钾，使池水浓度达到每立方米水体0.5~0.7克，6小时后，换水2/3。

四、甲壳溃烂病

（一）病原与病症

由假单胞菌、气单胞菌等具有几丁质分解能力的细菌感染引起。感染初期，小龙虾的甲壳零星出现一些颜色较深的斑点，接着从斑点处开始溃烂出现空洞，被破损的甲壳处成为其他致病菌的侵染入口，造成小龙虾被多种致病菌感染，最后造成病虾死亡。

（二）防治方法

（1）捕捞与运输时要轻快，尽量减少虾体损伤。饲料投喂要均匀充足，避免饥饿的小龙虾相互残杀。

（2）发病时用15～20克/立方米的茶粕浸泡液进行全池泼洒促进小龙虾蜕壳。

（3）每亩用5～6千克生石灰全池泼洒，或用2～3克/立方米的漂白粉进行全池泼洒。

（4）饲料中添加1%的磷酸二氢钙，连续投喂3～5天。

（5）用0.3克/立方米的二溴海因全池泼洒，待3天后用1毫克/立方米的硝化细菌全池泼洒。

五、虾瘟病

（一）病原与病症

由真菌感染引起。小龙虾的体表有黄色或褐色的斑点，且在附肢和眼柄的基部可发现真菌的丝状体，侵入虾体后，破坏神经系统并迅速损害运动神经。病虾表现为呆滞，活动力差或活动不正常，容易造成病虾大批量死亡。

（二）防治方法

（1）1毫克/升漂白粉全池泼洒，每天1次，连续2～3天。

（2）每千克饲料投拌1克土霉素，连续投喂3天。

（3）10毫克/升亚甲基蓝全池泼洒。

六、褐斑病

（一）病原与病症

由弧菌和单胞菌感染引起。小龙虾体表、附肢、触角、尾扇等处，出现黑褐色斑点或斑块状溃疡，严重时病灶增大、腐烂，菌体可穿透甲壳进入软组织，使病灶部分粘连，阻碍小龙虾蜕壳生长，病虾体力减弱，或卧于池边，不久死亡。

（二）防治方法

（1）超碘季铵盐0.2克/立方米全池泼洒，连续2天，同时每千克饲料中添加氟苯尼考0.5克，连续添加5天。

（2）1克/立方米聚维酮碘全池泼洒，隔2天再重复用药1次。

七、纤毛虫病

（一）病原与病症

由累枝虫、聚缩虫、钟形虫等附着在成虾或虾苗的体表、附肢和鳃上引起。发病初期的小龙虾，行动迟缓，应急能力差，发病中期的小龙虾鳃丝上及体表上大量附着病原，妨碍虾的呼吸、活动、摄食和蜕壳，影响其生长。尤其在鳃上大量附着时，影响鳃丝的气体交换，会引起虾体缺氧而窒息死亡。发病后期，鳃成黑色，极度衰竭，最终无力蜕壳，进而导致死亡。

（二）防治方法

（1）维持虾池的环境卫生，经常换新水，保持水质清新。

（2）发病时用3%～5%的盐水浸洗病虾，3～5天为1个疗程。

（3）25～30毫升/立方米的福尔马林溶液浸洗病虾4～6小时，连续2～3次。

（4）全池泼洒纤虫净1.2克/立方米，5天后再用1次，然后全池泼洒硫酸锌粉0.3～0.4克/立方米，5天后再泼洒1次。

八、聚缩虫病

（一）病原与病症

病原为聚缩虫。聚缩虫寄生于虾体表甲壳之上，如头部、腹部及附肢上，也会寄生于鳃丝上。染病后的小龙虾体表会出现一层絮状白色物质，体表积聚大量污物，虾的活力减退，行动迟缓，易沉入水底，不摄食，不排便，更不蜕壳。患病虾多在黎明前死亡。水质状况是引起聚缩虫病的一个重要原因，聚缩虫极易在有机物含量高的水体中繁殖，最高可感染85%的小龙虾。

（二）防治方法

（1）在彻底清塘、经常换水的基础上，可以在养殖池中施用"虾蟹保护剂"，用量为15克/立方米或硫酸铜对水泼洒，用量为0.25～0.60克/立方米。

（2）定期泼洒"益水宝"等复合型菌液，分解虾池内的有机碎屑，除去聚缩虫的生存空间。在施用"益水宝"3天后，用二溴海因复合消毒剂进行全池泼洒，二溴海因可以杀灭水体藻类，提高水体透明度，减缓聚缩虫繁殖。在此基础上，每隔7天泼洒1次"虾蟹线虫净"。将这3种药物结合施用，可有效控制聚缩虫的发生。

九、中毒症

小龙虾对有机和无机化学物质非常敏感，超限都可发生中毒，能引起虾中毒的物质统称为毒物，其单位为百万分之几（毫克/升）和十亿分之几（微克/升）。

（一）病因与病症

1.病因

能引起小龙虾中毒的化学物质很多，其来源主要有池中有机物腐烂分解而来，工业污水排放进入虾池以及农药、化肥和其他药物进入虾池等。

（1）池中残饵、排泄物、水生植物和动物尸体等，经腐烂、微生物分解会产生大量氨、硫化氢、亚硝酸盐等物质，侵害、破坏鳃组织和血淋巴细胞的功能而引发疾病。如虾池中氨（NH_3）、亚硝酸盐（NO_2^-）含量高时，会出现黑鳃病。亚硝酸盐浓度超过3毫克/升时，可引起虾慢性中毒，鳃变黑。

（2）工业污水中含有汞、铜、镉、锌、铅、铬等重金属元素，石油和石油制品以及有毒的化学成品，使虾类中毒，生长缓慢，直至死亡。工业污水中的多种有毒物质，在毒性上尚存在一定的累加作用和协同作用，从而增加了对小龙虾的毒害。

（3）小龙虾对许多杀虫剂农药特别敏感。目前有机氯杀虫剂农药的生产和使用在我国已受到严格控制和禁止使用。但小龙虾对有机磷农药也是极其敏感的，例如敌百虫、敌杀死、马拉硫磷、对硫磷等，是虾类的高毒性农药，除直接杀伤虾体外，也能致使虾肝胰腺发生病变，引起慢性死亡。

2.病症

一类是慢性发病，出现呼吸困难、摄食减少以及零星发生死亡，随着疫情发展死亡率增加。这类疾病多数是由池塘内大量有机质腐烂分解引起的中毒。另一类是急性发病，多由于工业污水和有机磷农药等所致，出现大批死亡，尸体上浮或下沉，在清晨池水溶氧量低下时更为明显。尸体剖检，可见鳃丝组织坏死变黑，但鳃丝表面无纤毛虫、丝状菌等有害生物附生，在显微镜下也见不到原虫和细菌真菌。

（二）防治方法

（1）详细调查虾池周围的水源，如有无工业污水、生活污水、稻田污水及生物污水等混入；检查虾池周围有无新建排污工厂、农场，池水来源改变情况等。

（2）立即将存活虾转移到经清池消毒的新池中去，并采取增氧措施，以减少损失。清理水源和水环境，根除污染源，或者选择符合标准的地域建新池。对水域周围排放的污水进行理化和生物监测，经处理后的污水排放标准为生物耗氧量小于60毫克/升，化学耗氧量低于100毫克/升。新建养殖池必须进行浸泡后再使用，以降低土壤中有害物质含量。

附　录

附录1　渔业水质标准
（GB 11607—1989）

编号	项目	标准值
1	色、臭、味	不得使鱼、虾、贝、藻类带有异色、异臭、异味
2	漂浮物质	水面不得出现明显油膜和浮沫
3	悬浮物质	人为增加的量不得超过10毫克/升，而且悬浮物质沉积于底部后，不得对鱼、虾、贝类产生有害的影响
4	pH值	淡水6.5～8.5，海水7.0～8.5
5	生化需氧量（5天，20℃）	不超过5毫克/升，冰封期不超过3毫克/升
6	溶解氧	连续24小时内，16小时以上必须大于5毫克/升，其余任何时候不得低于3毫克/升，对于鲑科鱼类栖息水域冰封期任何时候不得低于4毫克/升
7	汞	≤0.000 5（毫克/升）
8	镉	≤0.005（毫克/升）
9	铅	≤0.05（毫克/升）
10	铬	≤0.1（毫克/升）
11	铜	≤0.01（毫克/升）
12	锌	≤0.1（毫克/升）

（续表）

编号	项目	标准值
13	镍	≤0.1（毫克/升）
14	砷	≤0.05（毫克/升）
15	氰化物	≤0.005（毫克/升）
16	硫化物	≤0.2（毫克/升）
17	氟化物（以F⁻计）	≤1.0（毫克/升）
18	挥发性酚	≤0.005（毫克/升）
19	黄磷	≤0.001（毫克/升）
20	石油类	≤0.05（毫克/升）
21	丙烯腈	≤0.5（毫克/升）
22	丙烯醛	≤0.02（毫克/升）
23	六六六	≤0.02（毫克/升）
24	滴滴涕	≤0.001（毫克/升）
25	对硫磷	≤0.006（毫克/升）
26	五氯酚钠	≤0.01（毫克/升）
27	苯胺	≤0.4（毫克/升）
28	对-硝基氯苯	≤0.05（毫克/升）
29	对-氨基苯酚	≤0.1（毫克/升）
30	水合肼	≤0.01（毫克/升）
31	邻苯二甲酸二丁酯	≤0.06（毫克/升）
32	挥发松节油	≤0.3（毫克/升）

附录2　无公害食品　淡水养殖用水标准
（NY 5051—2001）

序号	项目	标准值
1	色、臭、味	不得使养殖水体带有异色、异臭、异味
2	总大肠菌群（个/L）	<5 000
3	汞（毫克/升）	<0.000 5
4	镉（毫克/升）	<0.005
5	铅（毫克/升）	<0.05
6	铬（毫克/升）	<0.1
7	铜（毫克/升）	<0.01
8	锌（毫克/升）	<0.1
9	砷（毫克/升）	<0.05
10	氯化物（毫克/升）	<1
11	石油类（毫克/升）	<0.05
12	挥发性酚（毫克/升）	<0.005
13	甲基对硫磷（毫克/升）	<0.000 5
14	马拉硫磷（毫克/升）	<0.005
15	乐果（毫克/升）	<0.1
16	六六六（丙体）（毫克/升）	<0.002
17	DDT（毫克/升）	<0.001

附录3　食品动物禁用的兽药及其他化合物清单
（中华人民共和国农业部公告　第193号）

1. 兴奋剂类：克仑特罗 Clenbuterol、沙丁胺醇 Salbutamol、西马特罗 Cimaterol及其盐、酯及制剂

2. 性激素类：己烯雌酚 Diethylstilbestrol及其盐、酯及制剂

3. 具有雌激素样作用的物质：玉米赤霉醇 Zeranol、去甲雄三烯醇酮 Trenbolone、醋酸甲孕酮 Megestrol acetate及制剂

4. 氯霉素 Chloramphenicol及其盐、酯（包括琥珀氯霉素 Chloramphenicol succinate及制剂）

5. 氨苯砜 Dapsone及制剂

6. 硝基呋喃类：呋喃唑酮 Furazolidone、呋喃它酮 Furaltadone、呋喃苯烯酸钠 Nifurstyrenate sodium及制剂

7. 硝基化合物：硝基酚钠 Sodium nitrophenolate、硝呋烯腙 Nitrovin及制剂

8. 催眠、镇静类：安眠酮 Methaqualone及制剂

9. 林丹（丙体六六六）Lindane

10. 毒杀酚（氯化烯）Camahechlor

11. 呋喃丹（克百威）Carbofuran

12. 杀虫脒（克死螨）Chlordimeform

13. 双甲脒 Amitraz

14. 酒石酸锑钾 Antimony potassium tartrate

15. 锥虫胂胺 Tryparsamide

16. 孔雀石绿 Malachite green

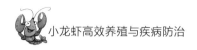

17. 五氯酚酸钠 Pentachlorophenol sodium

18. 各种汞制剂包括：氯化亚汞（甘汞）Calomel、硝酸亚汞 Mercurous nitrate、醋酸汞 Mercurous acetate、吡啶基醋酸汞 Pyridyl mercurous acetate

19. 性激素类：甲基睾丸酮 Methyltestosterone、丙酸睾酮 Testosterone propionate、苯丙酸诺龙 Nandrolone phenylpropionate、苯甲酸雌二醇 Estradiol benzoate及其盐、酯及制剂

20. 催眠、镇静类：氯丙嗪 Chlorpromazine、地西泮（安定）Diazepam及其盐、酯及制剂

21. 硝基咪唑类：甲硝唑 Metronidazole、地美硝唑 Dimetronidazole及其盐、酯及制剂

附录4　渔用药物使用方法

渔药名称	用途	用法与用量	休药期（天）	注意事项
氧化钙（生石灰）	用于改善池塘环境，清除敌害生物及预防部分细菌性鱼病	带水清塘：200~250毫克/升（虾类：350~400毫克/升）；全池泼洒：20~25毫克/升（虾类：15~30毫克/升）		不能与漂白粉、有机氯、重金属盐、有机络合物混用
漂白粉	用于清塘、改善池塘环境及防治细菌性皮肤病、烂鳃病、出血病	带水清塘：200毫克/升；全池泼洒：1.0~1.5毫克/升	≥5	1.勿用金属容器盛装 2.勿用酸、铵盐、生石灰混用
二氯异氰尿酸钠	用于清塘及防治细菌性皮肤溃疡病、烂鳃病、出血病	全池泼洒：0.3~0.6毫克/升	≥10	勿用金属容器盛装
三氯异氰尿酸	用于清塘及防治细菌性皮肤溃疡病、烂鳃病、出血病	全池泼洒：0.2~0.5毫克/升	≥10	1.勿用金属容器盛装 2.针对不同的鱼和水体的pH值，使用量应适当增减
二氧化氯	用于防治细菌性皮肤溃疡病、烂鳃病、出血病	浸浴：20~40毫克/升，5~10分钟；全池泼洒：0.1~0.2毫克/升，严重时0.3~0.6毫克/升	≥10	1.勿用金属容器盛装 2.勿与其他消毒剂混用

（续表）

渔药名称	用途	用法与用量	休药期（天）	注意事项
二溴海因	用于防治细菌性病和病毒性疾病	全池泼洒：0.2～0.3毫克/升		
氯化钠（食盐）	用于防治细菌、真菌或寄生虫疾病	浸浴：1%～3%，5～20分钟		
硫酸铜（蓝矾、胆矾、石胆）	用于治疗纤毛虫、鞭毛虫等寄生性原虫疾病	浸浴：8毫克/升（海水鱼类：8～10毫克/升），15～30分钟；全池泼洒：0.5～0.7毫克/升（海水鱼类0.7～1.0毫克/升）		1.常与硫酸亚铁合用 2.广东鲂慎用 3.勿用金属容器盛装 4.使用后注意池塘增氧 5.不宜用于治疗小瓜虫病
硫酸亚铁（绿矾、青矾）	用于治疗纤毛虫、鞭毛虫等寄生性原虫疾病	全池泼洒：0.2毫克/升（与硫酸铜合用）		1.治疗寄生性原虫病时需与硫酸铜合用 2.乌鳢慎用
高锰酸钾（锰酸钾、灰锰氧、锰强灰）	用于杀灭锚头鳋	浸浴：10～20毫克/升，15～30分钟；全池泼洒：4～7毫克/升		1.水中有机物含量高时药效降低 2.不宜在强烈阳光下使用
四烷基季铵盐络合碘（季铵盐含量为50%）	对病毒、细菌、纤毛虫、藻类有杀灭作用	全池泼洒：0.3毫克/升（虾类相同）		1.勿与碱性物质同时使用 2.勿与阴离子表面活性剂混用 3.使用后注意池塘增氧 4.勿用金属容器盛装

（续表）

渔药名称	用途	用法与用量	休药期（天）	注意事项
大蒜	用于防治细菌性肠炎	拌饵投喂：10～30克/千克体重，连用4～6天		
大蒜素粉	用于防治细菌性肠炎	2克/千克体重，连用4～6天		
大黄	用于防治细菌性肠炎	全池泼洒：2.5～4.0毫克/升（海水鱼类相同）拌饵投喂：5～10克/千克体重，连用4～6天（海水鱼类相同）		投喂时常与黄芩、黄柏合用（三者比例为2：5：3）
黄芩	用于防治细菌性肠炎、烂鳃、赤皮、出血病	拌饵投喂：2～4克/千克体重，连用4～6天		投喂时常与大黄、黄柏合用（三者比例为2：5：3）
黄柏	用于防治细菌性肠炎、出血病	拌饵投喂：3～6克/千克体重，连用4～6天		投喂时常与大黄、黄芩合用（三者比例为3：5：2）
五倍子	用于防治细菌性烂鳃、赤皮、白皮	全池泼洒：2～4毫克/升（海水鱼类相同）		
穿心莲	用于防治细菌性肠炎、烂鳃、赤皮	全池泼洒：15～20毫克/升拌饵投喂：10～20克/千克体重，连用4～6天		

（续表）

渔药名称	用途	用法与用量	休药期（天）	注意事项
苦参	用于防治细菌性肠炎、竖鳞	全池泼洒：1.0～1.5毫克/升 拌饵投喂：1～2克/千克体重，连用4～6天		
土霉素	用于治疗肠炎病、弧菌病	拌饵投喂：50～80毫克/千克体重，连用4～6天（海水鱼类相同，虾类：50～80毫克/千克体重，连用5～10天）	≥30（鳗鲡）≥21（鲶鱼）	勿与铝、镁离子及卤素、碳酸氢钠、凝胶合用
噁喹酸	用于治疗细菌性肠炎病、赤鳍病、香鱼、对虾弧菌病、鲈鱼结节病、鲱鱼疖疮菌病	拌饵投喂：10～30毫克/千克体重，连用5～7天（海水鱼类：1～20毫克/千克体重，连用5天；对虾：6～60毫克/千克体重，连用5天）	≥25（鳗鲡）≥21（鲤鱼）≥16（其他鱼类）	用药量视不同的疾病有所增减
磺胺嘧啶（磺胺哒嗪）	用于治疗鲤科鱼类的赤皮病、肠炎病、海水鱼链球菌病	拌饵投喂：100毫克/千克体重，连用5天（海水鱼类相同）	≥30	1.与甲氧苄氨嘧啶（TMP）同用，可产生增效作用 2.第一天药量加倍
磺胺甲噁唑（新明磺、新诺明、新明磺）	用于治疗鲤科鱼类的肠炎	拌饵投喂：100毫克/千克体重，连用5～7天	≥30	1.不能与酸性药物同用 2.与甲氧苄氨嘧啶（TMP）同用，可产生增效作用 3.第一天药量加倍

（续表）

渔药名称	用途	用法与用量	休药期（天）	注意事项
磺胺间甲氧嘧啶（制菌磺、磺胺-6-甲氧嘧啶）	用鲤科鱼类的竖鳞病、赤皮病及孤菌病	拌饵投喂：50～100毫克/千克体重，连用4～6天	≥37（鳗鲡）	1.与甲氧苄氨嘧啶（TMP）同用，可产生增效作用 2.第一天药量加倍
氟苯尼考	用于治疗鳗鲡爱德华氏病、赤鳍病	拌饵投喂：10.0毫克/千克体重，连用4～6天	≥7（鳗鲡）	
聚维酮碘（聚乙烯吡咯烷酮碘、皮维碘、PVP-I、状碘）（有效碘1.0%）	用于防治细菌烂鳃病、孤菌病、鳗鲡红头病。并可用预防病毒病，如草鱼出血病、传染性造血组织坏死病、病毒性出血败血症	全池泼洒：海、淡水幼鱼，幼虾，0.2～0.5毫克/升；海、淡水成鱼，1～2毫克/升；鳗鲡，2～4毫克/升 浸浴：草鱼种，30毫克/升，15～20分钟；鱼卵，30～50毫克/升，5～15分钟（海水鱼卵，25～30毫克/升，5～15分钟）		1.勿与金属物品接触 2.勿与季铵盐类消毒剂直接混合使用

注1：用法与用量栏未标明海水鱼类与虾类的均适用于淡水鱼类

注2：休药期为强制性

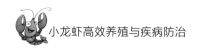

附录5　禁用渔药
（NY 5071—2002）

　　地虫硫磷、六六六、林丹、毒杀芬、滴滴涕、甘汞、硝酸亚汞、醋酸汞、呋喃丹、杀虫脒、双甲脒、氟氯氰菊酯、五氯酚钠、孔雀石绿、锥虫胂胺、酒石酸锑钾、磺胺噻唑、磺胺脒、呋喃西林、呋喃唑酮、呋喃那斯、氯霉素（包括其盐、酯及制剂）红霉素、环丙沙星、阿伏帕星（阿伏霉素）、喹乙醇、杆菌肽锌泰乐菌素、速达肥、己烯雌酚、甲基睾丸酮（包括丙酸睾丸素、去氢甲睾酮以及同化物等雄性激素）。

附录6　底质有害有毒物质最高限量

项目	指标［毫克/千克（湿重）］
总汞	<0.2
镉	<0.5
铜	<30
锌	<150
铅	<50
铬	<50
砷	<20
滴滴涕	<0.02
六六六	<0.5

参考文献

戈贤平，1997. 水产品养殖实用技术[M]. 上海：上海科学技术出版社.

李继勋，2000. 淡水虾繁育与养殖技术[M]. 北京：金盾出版社.

刘焕亮，黄樟翰，2008. 中国水产养殖学[M]. 北京：科学出版社.

沈嘉瑞，刘瑞玉，1976. 我国的虾蟹[M]. 北京：科学出版社.

陶忠虎，2013. 邹叶茂高效养小龙虾[M]. 北京：机械工业出版社.

王金胜，2007. 蟹池套养淡水小龙虾养殖技术[J]. 渔业致富指南（11）：40.

魏青山，1985. 武汉地区克氏原螯虾的生物学研究[J]. 华中农学院学报，4（1）：16-24.

夏爱军，2008. 小龙虾养殖技术[M]. 北京：中国农业出版社.

谢文星，罗继伦，2001. 淡水经济虾养殖新技术[M]. 北京：中国农业出版社.

徐在宽，2005. 淡水虾无公害养殖[M]. 北京：科学技术文献出版社.

杨先乐，2008. 水产养殖用药处方大全[M]. 北京：化学工业出版社.

姚志刚，2008. 小龙虾养殖技术[M]. 北京：金盾出版社.

赵子明，邹叶茂，2007. 池塘养鱼[M]. 北京：中国农业出版社.

邹叶茂，常顺，李月英，等，2013. 名特种水产动物养殖技术[M]. 北京：中国农业出版社.